Javaによる
アルゴリズムと
データ構造の基礎

永田　武【著】

コロナ社

まえがき

　本書は，大学，短大と高等専門学校の学生，あるいは情報系企業に入社した新人の方を対象として記述したものです。アルゴリズムとデータ構造は，今日の情報化された現代社会の膨大な情報を蓄積・管理して，利用するための情報処理システム開発の基礎となる内容です。

　アルゴリズムとは，問題を解くための手順を表現したもので，コンピュータにおける情報処理の基盤となるものです。そして，データ構造とは，データの集合をコンピュータで効率的に扱うために一定のルールに従って格納するときの形式のことです。多くの場合，データ構造が決まれば，利用するアルゴリズムは比較的容易に決まります。しかし場合によっては，与えられた仕事をこなすための最適なアルゴリズムを利用するために，そのアルゴリズムを使うことが前提となっているデータ構造が選択されることもあります。このようにアルゴリズムとデータ構造は切っても切れない関係にあります。

　本書は，学校においては，週一回の半期で履修できる程度の内容になっています。各章の最後には，関連プログラムの項を設けました。ここでは，実用的なプログラムを掲載していますので，卒業研究などの場面でも役に立つと思います。OS は Windows でも Linux でもかまいません。自分の手で作成し動作を確認すると理解が深まると思います。また，基本情報処理技術者試験の過去問題にも触れ，読者がより深く理解できるように工夫しました。さらに，付録には Windows や Linux での開発において役立つ内容を記載していますので参照してください。本書がアルゴリズムとデータ構造の学習への扉となれば，著者にとって望外の喜びです。

　最後に，本書の出版の機会を与えていただいた株式会社コロナ社に厚くお礼申し上げます。

2019 年 3 月

永　田　　　武

目 次

第1章　Java入門

1.1　Javaの特徴 ……………………………………………… *1*
1.2　Javaプログラム開発の流れ …………………………… *2*
1.3　Javaプログラミングの作法 …………………………… *3*
1.4　Javaプログラミングの基礎 …………………………… *5*
1.5　オブジェクト指向 ……………………………………… *8*
1.6　新しいクラスの作成 …………………………………… *8*
1.7　関連プログラム ………………………………………… *11*
　　　演習問題 ………………………………………………… *24*

第2章　基本的なアルゴリズム

2.1　フローチャート ………………………………………… *26*
2.2　判　断 …………………………………………………… *27*
2.3　反復（ループ） ………………………………………… *29*
2.4　基本情報技術者試験での疑似言語の記述形式 ……… *32*
2.5　関連プログラム ………………………………………… *33*
　　　演習問題 ………………………………………………… *36*

第3章　配　列

3.1　配列とは ………………………………………………… *39*
3.2　多次元配列 ……………………………………………… *41*
3.3　Javaクラスライブラリの利用 ………………………… *43*
3.4　クラスの配列 …………………………………………… *44*
3.5　関連プログラム ………………………………………… *45*
　　　演習問題 ………………………………………………… *53*

第4章 再　帰

4.1　再帰とは……………………………………………………………… 56
4.2　階　乗………………………………………………………………… 57
4.3　ユークリッドの互除法……………………………………………… 58
4.4　ハノイの塔…………………………………………………………… 59
4.5　関連プログラム……………………………………………………… 61
　　　演習問題…………………………………………………………… 65

第5章　連結リスト

5.1　連結リストとは……………………………………………………… 67
5.2　単方向リスト………………………………………………………… 68
5.3　双方向リスト………………………………………………………… 73
5.4　循環リスト…………………………………………………………… 74
5.5　双方向循環リスト…………………………………………………… 74
5.6　関連プログラム……………………………………………………… 77
　　　演習問題…………………………………………………………… 83

第6章　スタックとキュー

6.1　スタック……………………………………………………………… 87
6.2　キュー………………………………………………………………… 91
6.3　Javaクラスライブラリの利用 ……………………………………… 94
6.4　関連プログラム……………………………………………………… 96
　　　演習問題…………………………………………………………… 97

第7章　木構造

- 7.1　木構造とは　……　100
- 7.2　2分探索木　……　103
- 7.3　ヒープソート　……　106
- 7.4　関連プログラム　……　113
- 　　　演習問題　……　114

第8章　探　索

- 8.1　線形探索　……　117
- 8.2　番兵を用いた線形探索　……　119
- 8.3　2分探索　……　121
- 8.4　ハッシュ法　……　124
- 8.5　関連プログラム　……　132
- 　　　演習問題　……　133

第9章　ソート（その1）

- 9.1　ソートとは　……　137
- 9.2　バブルソート　……　138
- 9.3　選択ソート　……　140
- 9.4　挿入ソート　……　142
- 9.5　関連プログラム　……　145
- 　　　演習問題　……　146

第10章　ソート（その2）

- 10.1　シェルソート　……　148
- 10.2　クイックソート　……　152
- 10.3　マージソート　……　155

10.4 Java クラスライブラリの利用 ………………………………… *159*
10.5 関連プログラム …………………………………………………… *162*
　　　演習問題 ……………………………………………………………… *166*

第 11 章　グラフ

11.1 グラフとは ………………………………………………………… *169*
11.2 最短経路問題 ……………………………………………………… *171*
11.3 関連プログラム …………………………………………………… *177*

付　録

A. vi によるソースファイルの作成 ………………………………… *182*
B. Windows と Linux コマンド …………………………………… *183*
C. CLASSPATH の設定方法 ………………………………………… *184*
参考文献 ……………………………………………………………………… *185*
索　引 ………………………………………………………………………… *186*

演習問題解答について

　下記の書籍詳細ページ内の「▶関連資料」をクリックすると，演習問題の解答を確認することができます。

　http://www.coronasha.co.jp/np/isbn/9784339028966/

　※コロナ社の Web ページから本書の書名検索でも書籍詳細ページにアクセスできます。

第1章 Java 入門

　現代社会の膨大な情報を利用するための情報処理システムの開発には，アルゴリズムとデータ構造についての理解が重要である．そのプログラムの設計において，データ構造の選択は重要な課題である．これまでに，配列，連結リスト，スタック，キュー，木構造やグラフなどのデータ構造が開発され，それらのデータ構造を用いた効率の良い探索やソートなどのアルゴリズムが開発されている．本書では，そのようなアルゴリズムとデータ構造について解説を行うが，アルゴリズムの確認のために Java 言語を用いる．本章では，Java の特徴，プログラム開発の流れ，プログラミングの作法，プログラミングの基礎，オブジェクト指向，新しいクラスの作成，および関連プログラムについて説明する．

1.1　Java の特徴

　Java は，1994 年に発表されたオブジェクト指向言語である．Java のコンパイラは，実行するプラットフォームに対応した形式（**ネイティブコード**（native code））に変換するのではなく，その手前の中間言語まで変換する．中間言語は，**バイトコード**（bytecode）と呼ばれる形式で保存され，いろいろな OS で解釈される．

　Java は，簡潔さと機能の豊富さのバランスのとれた言語であり，以下のような特徴を有している．

- オブジェクト指向
- プラットフォームに依存しない性質
- 豊富なネットワーク関連の機能
- 充実した標準クラスライブラリ
- プロセスを並行動作させるマルチスレッド
- 使われなくなったメモリ領域を自動的に整理するガーベージコレクション

・例外処理

1.2 Javaプログラム開発の流れ

図1.1にJavaプログラム開発の流れを示す。

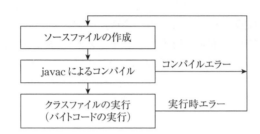

図1.1　Javaプログラム開発の流れ

(1) ソースファイルの作成

システムの要求仕様に従って書いた設計書に基づいて，ソースコード（source code）を作成する。ソースコードを作成することを**コーディング**（coding）という。WindowsではTeraPad，Linuxではviなどの**エディタ**（editor）を用いてコーディングし，プログラム名を付けて，コンピュータに保存する。保存したファイルを**ソースファイル**（source file）と呼ぶ。Javaでは，保存するソースファイル名とクラス名を同じにしなければならない。また，ソースファイルの拡張子を".java"にする必要がある。

(2) javacによるコンパイル

ソースコードをバイトコードに変換するために**コンパイル**（compile）を実施する。コンパイルは，ソースコードをコンピュータが理解できるコードに翻訳することである。コンパイルには，コマンドプロンプトでjavacコマンドを用いる。

コンパイルが成功すると，なにも表示されずに入力プロンプトが表示される。このとき，拡張子が".class"というバイトコードが生成される。これをク

ラスファイル（class file）と呼ぶ。

一方，コンパイルに失敗すると，コンパイルエラーが表示される。エラーメッセージには行番号やその理由が表示されているので，それらの情報を参考にソースファイルを修正して再度コンパイルする。

(3) クラスファイルの実行（バイトコードの実行）

クラスファイルとは，コンピュータ固有の環境とは独立した Java 仮想マシン（Java VM）上の実行ファイルである。クラスファイルの実行には java コマンドを用いる。コンパイルでエラーとならなかったクラスファイルでも実行時にエラーが発生する場合がある。一般に，プログラムには誤りが含まれる。この誤りのことをバグ（bug）と呼ぶ。このバグを修正することをデバッグ（debug）という。

1.3 Java プログラミングの作法

(1) コメント

可読性のあるよいプログラムを作成するためには，コメントを付けることが重要である。コメントは表 1.1 に示すような種類がある。

表 1.1 コメントの種類

No.	種類	記述方法
1	ブロックコメント	複数行にわたるコメントを記述するときには，/* */ でコメントを囲む。
2	1行コメント	1行のコメントを記述するときには，/* */ または，// を用いる。
3	後置きコメント	1行の対象コードの行末に // を用いて，短いコメントを記述する。
4	ロジックのコメント	デバッグ時にロジックをコメントアウトする際に使用する。該当のコードの先頭に // を記述する。
5	ドキュメント用コメント	ドキュメント用コメントは，javadoc コマンドで API ドキュメントを生成する際に処理されるもので，/** */ を用いる。

(2) 識別子の命名規則

変数名やクラス名には，下記の規則以外の任意の名前を付けることができる。

・予約語（public など）は使用できない。

・先頭に数字は使用できない。

・記号は＄（ドルマーク）と＿（アンダースコア）のみ使える。

しかし，慣習的に表 1.2 のような命名法が用いられているので，それに従ったほうがよい。

表 1.2　慣習的な命名法

No.	命名法	説　明
1	クラス名の先頭は大文字	クラス名の先頭を大文字にすることにより，クラス名であることを明確にする。（例）Person
2	メソッド名の先頭は小文字	メソッド名の先頭は小文字にすることにより，コンストラクタやクラス名と区別をつけやすくする。（例）bubbleSort
3	変数名の先頭は小文字	変数名の先頭は小文字にすることにより，コンストラクタやクラス名と区別をつけやすくする。（例）cost
4	定数名はすべて大文字	予約語 final が付いた代入不可の定数は，すべて大文字とする。（例）ARRAY_MAX
5	キャメルケース	複数の単語を接続して識別子とするときは，後の単語の先頭を大文字にして区切りを表現する。（例）vehicleType
6	スネークケース	複数の単語を接続して識別子とするときは，＿（アンダースコア）で区切る。（例）vehicle_type

(3) インデント

インデント（indentation style）とは，メソッドの中身や if 文の処理ブロックなどを明確にするために，対象となる部分の文字を，何文字か字下げすることである。読みやすいプログラムとするために，インデントは 4 文字が適切である。インデントは，Tab キーを用いるか，スペースで行うことができるが，いずれかに統一したほうがよい。

(4) クラスの形式

Java のクラスは一般的に図 1.2 の形式で記述する。図に示すように，クラスは大きく 3 つの部分から構成される。まず，このクラス（class）が保持して

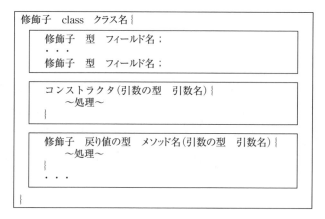

図 1.2 Java のクラスの形式

いる変数であるフィールド（field）の集合，つぎに，クラスのインスタンス生成時に実行されるメソッドであるコンストラクタ（constructor），そして，このクラスが保持している処理に対応するメソッド（method）の集合である。フィールドはメンバ変数（member variable）とも呼ばれる。また，修飾子には，アクセス修飾子（public, protected, private）とそれ以外の修飾子（static, final, abstract など）があるが，それらの詳細についてはほかの Java の書物を参照してほしい。本書では，アルゴリズムの確認のために提示するプログラムにおいて必要に応じて説明する。

1.4 Java プログラミングの基礎

それではプログラミングの定番である「Hello world Java!」と画面に表示させるプログラムを例題に，プログラム開発の流れを説明する。以下の作業は，Windows の場合はコマンドプロンプトを，Linux の場合は端末を表示させて行う。

(1) ソースファイルの作成

まず，プログラム 1.1 を参照してソースファイルの作成をする。なお，Linux における「vi によるソースファイルの作成」については，本書の最後

の付録 A. に後述する。ソースファイルの作成で注意すべきことは，ソースファイル名とクラス名を同一にしなければならないことと，大文字と小文字を区別しなければならないことである。この例では，ソースファイル名が，"HelloWorld.java（拡張子は .java）"であるので，クラス名は "HelloWorld" である。そして，クラスの修飾子として "public" を用いている。この意味は，"利用に制限を設けない" という意味で，すべてのクラスから参照できることを示している。また，フィールド変数 str に識別子 "static" を記述しているが，静的メソッドの main( ) メソッドから参照する場合に，str も静的変数にする必要があるためである。

プログラム 1.1 HelloWorld.java

```
1  // HelloWorld.java      (1-1)
2  public class HelloWorld{
3      static String str = "Hello world Java!";       // field variable
4      public static void main(String[] args){        // main method
5          System.out.println( str );
6      }
7  }
```

実行結果 ・・ Hello world Java!

つぎに，main の前には 3 つのキーワードがある。まず，メソッドの修飾子としての "public" は，クラスの外部からこのコードを呼び出すことができることを示している。つぎの "static" は，このメソッドがこのクラスのインスタンスではなく，このクラスそのものに関連付けられることを示している。したがって，そのメソッドを呼び出すためにクラスのインスタンスを生成する必要はない。"void" キーワードは，このメソッドの戻り値がないことを示す。System.out.println( ) メソッドは，引数として渡された str の文字列を画面に出力し，その後，改行コードを出力する。

(2) コンパイル

つぎに，javac によるコンパイルを行う。端末上でソースファイルを保存したディレクトリに移動して，つぎのコマンドを入力する。

```
javac HelloWorld.java
```

コンパイルエラーが発生せずにコンパイルが終了すると，画面上にはなにも表示されない。このディレクトリ内に HelloWorld.class が作成されている。確認のコマンドは，Windows の場合は "dir"，Linux の場合は "ls" である。このクラスファイルには，プログラムのバイトコードが含まれている。コンパイルエラーが発生した場合は，エラーメッセージに含まれる"行番号"や"その理由"を参考にソースファイルを修正し，コンパイルエラーがなくなるまで繰り返す。なお，「Windows と Linux コマンド」については付録 B. に後述する。

以下の項目がコンパイル時のエラーの原因となるので参考にしてほしい。

- 見えない文字（全角スペース）： ソースファイル作成時に誤って全角スペースキーが入る場合がある。画面上でソースファイルを見てもなにも表示されないため，発見しにくい誤りである。
- 漢字コードの違い： Windows 上で作成したソースファイルを Linux に移した場合などに，発生するエラーである。Windows は Shift JIS，Linux は UTF-8 のコードが用いられるためである。

Shift JIS から UTF-8 に変換する方法を以下に示す。

(i) Windows では TeraPad エディタで「ファイル」＞「文字/改行コード指定保存」で「文字コード」を「UTF-8N」を選択することにより行える。

(ii) Linux の場合は，nkf コマンドで行える。

```
nkf -w8 --overwrite ソースファイル名
```

(3) 実　行

最後は，クラスファイルの実行である。つぎのコマンドを入力する。バイトコードを表す拡張子 ".class" を付けないで実施することに注意したい。

```
java HelloWorld
```

このプログラムを実行すると，以下のように「Hello world Java!」という文字列が画面に表示される。

プログラミングで最も重要なことが，プログラムのテストとデバッグである。テストとは，プログラムが正しく動作するか否かを検証することである。

そして，デバッグとは，バグを見つけてソースファイルを修正することである。

1.5 オブジェクト指向

ここで，簡単にオブジェクト指向の概念について説明しておく。まず，オブジェクト指向では，実世界のすべてを**オブジェクト**（object）として捉える。オブジェクトは1つ以上の**属性**（attribute），および1つ以上のメソッド（method）をもつ。属性は**プロパティ**（property）とも呼ばれる。オブジェクト内の属性は，値（複数でも可）をもち，その値もオブジェクトである。メソッドは属性の値に作用するものである。

オブジェクト内の属性とメソッドは，そのオブジェクト内に**カプセル化**（encapsulation）され，それらにアクセスするためには，オブジェクトに**メッセージパッシング**（message passing）する必要があり，公開されたメッセージ送信インタフェースが用いられる。同一の属性とメソッドをもつすべてのオブジェクトの集合が**クラス**（class）である。クラス間には，**クラス階層**（class hierarchy）をもたせることができ，階層の下位のクラスである**サブクラス**（subclass）は，上位のクラスである**スーパークラス**（super class）のすべての属性とメソッドを**継承**（inheritance）する。サブクラスは，継承したすべての属性とメソッドのほかに，新たに属性とメソッドを追加できる。サブクラスの実現値である**インスタンス**（instance）は，スーパークラスのインスタンスでもある。

1.6 新しいクラスの作成

Javaでは，新しいクラスを作成することができる。以下では，新しいクラスとして，学生のデータを保有するStudentクラスを作成する。Javaのクラスの形式（図1.2参照）に従って記述したStudentクラスをプログラム1.2に

1.6 新しいクラスの作成

示す.そして,そのテスト用のプログラムとその実行結果を**プログラム 1.3** に示す.

プログラム 1.2 に示すように,Student クラスには,フィールド(メンバ変数)として番号(no),名前(name),年齢(age)の 3 つをもたせ,コンストラクタでは,引数で渡された 3 つの値をメンバ変数にセットしている.メソッドは,メンバ変数への値の設定と取得のために**セッター**(setter)と**ゲッター**(getter)を,そしてメンバ変数を表示する print( ) メソッドと toString( ) メソッドを実装している.

プログラム 1.2 Student クラス(Student.java)

```
1  // Student.java     (1-2)
2  public class Student{
3      // Field (Member variable)
4      private int no;
5      private String name;
6      private int age;
7      // Constructor
8      Student(int no, String name, int age){
9          this.no = no; this.name = name; this.age = age;
10     }
11     // Getter
12     public int getNo(){ return no; }
13     public String getName(){ return name; }
14     public int getAge(){ return age; }
15     // Setter
16     public void setNo( int no ){ this.no = no; }
17     public void setName( String name ){ this.name = name; }
18     public void setAge( int age ){ this.age = age; }
19     // Method
20     public void print(){
21         System.out.println("Student: no= "+ no +"  name= "+ name + "  age= " + age);
22     }
23     public String toString(){return getNo()+" "+getName()+" "+getAge();}
24 }
```

プログラム 1.3 は,テスト用のクラスである.2 名の Student データのインスタンス s1 と s2 を作成し,ゲッターを用いてメンバ変数にアクセスし表示させている.また,print( ) メソッドによるデータの表示を行っている.それぞれのメソッドは,インスタンスに対して**ドット演算子**(dot operator)を用い

て，s1.getNo( )　s2.print( ) のようにアクセスできる．

プログラム 1.3　Student クラスのテスト（StudentApp.java）

```
1   // StudentApp.java      (1-3)
2   public class StudentApp{
3       public static void main( String[] args ){
4           Student s1 = new Student( 1, "C", 28);
5           Student s2 = new Student( 2, "K", 29);
6           System.out.println(
7              "no= "+s1.getNo()+"   name= "+s1.getName()+"   age= "+s1.getAge() );
8           System.out.println(
9              "no= "+s2.getNo()+"   name= "+s2.getName()+"   age= "+s2.getAge() );
10          s1.print();
11          s2.print();
12      }
13  }
```

実行結果

```
no= 1   name= C   age= 28
no= 2   name= K   age= 29
Student: no= 1   name= C   age= 28
Student: no= 2   name= K   age= 29
```

　一般に，Java プログラミングでは，プログラム 1.2 に示したようにクラス定義を行い，そのクラスを用いたアプリケーションを作成する．本書ではそのアプリケーションの例として，プログラム 1.3 に示したようなテスト用クラスを作成している．Student.java がクラス定義，StudentApp.java がテスト用クラスである．

　なお，本書ではこの両方のクラスをまとめて，main( ) メソッドをクラス定義内に記述している場合がある．プログラム 1.4 はその方法で記述した Student1 クラスである．

プログラム 1.4　Student1 クラス（Student1.java）

```
1   // Student1.java      (1-4)
2   public class Student1{
3       // Field (Member variable)
4       private int no;
5       private String name;
6       private int age;
7       // Constructor
8       Student1(int no, String name, int age){
```

```
 9          this.no = no; this.name = name; this.age = age;
10      }
11      // Getter
12      public int getNo(){ return no; }
13      public String getName(){ return name; }
14      public int getAge(){ return age; }
15      // Setter
16      public void setNo( int no ){ this.no = no; }
17      public void setName( String name ){ this.name = name; }
18      public void setAge( int age ){ this.age = age; }
19      // Method
20      public void print(){
21          System.out.println("Student: no= "+ no +"  name= "+ name+ "  age= " + age);
22      }
23      public String toString(){return getNo()+" "+getName()+" "+getAge();}
24      public static void main( String[] args ){
25          Student s1 = new Student( 1, "C", 28);
26          Student s2 = new Student( 2, "K", 29);
27          System.out.println(
28              "no= "+s1.getNo()+"  name= "+s1.getName()+"  age= "+s1.getAge() );
29          System.out.println(
30              "no= "+s2.getNo()+"  name= "+s2.getName()+"  age= "+s2.getAge() );
31          s1.print();
32          s2.print();
33      }
34 }
```

実行結果
```
no= 1   name= C   age= 28
no= 2   name= K   age= 29
Student: no= 1   name= C   age= 28
Student: no= 2   name= K   age= 29
```

1.7 関連プログラム

(1) 実行時のパラメータ入力

プログラムの実行時に，パラメータとして値を与えることができる。そのパラメータは，main( )メソッドの引数である String 型配列 args[ ] で受け取ることができる。String 型で取り出せるので，必要に応じて int 型や double 型に変換する必要がある。図 1.3 に型変換で用いられるメソッドを示す。図に示すように，String 型の変数 s に対して，int 型への変換には Integer.parseInt(s)，double 型への変換には Double.parseDouble(s) が用いられる。逆に，int 型変

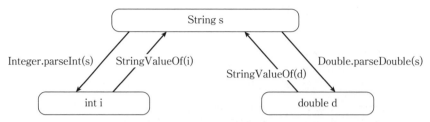

図 1.3 Java における型変換

数 i に対して，String 型への変換には StringValueOf(i)，double 型変数 d に対して，String 型への変換には StringValueOf(d) が用いられる。

プログラム 1.5 は，int 型，double 型，String 型の 3 つのパラメータをキーボードから入力し，表示するプログラムである。使用方法は，"java Args_input" とすると表示される。このようなプログラムは，パラメータの指定がない場合には，その使用方法を表示させることが望ましい。このプログラムは，"java Args_input 64 99.9 test" のように，3 つのパラメータをスペース区切りで並べると動作する。ただし，int 型，double 型，String 型の順番に並べる必要がある。

プログラム 1.5 実行時のパラメータ入力（Args_input.java）

```
1   // Args_input.java    (1-5)     usage: java Args_input i d s
2   public class Args_input{
3       public static void main(String[] args){
4           if( args.length < 3 ){
5               System.out.println("usage:java  Args_input i d s" );
6               System.out.println(
7                   "( i: integer value, d: double value, s: string value )");
8               System.exit(1);
9           }
10          int i = Integer.parseInt(args[0]);
11          double d = Double.parseDouble(args[1]);
12          String s = args[2];
13          System.out.println("i= "+i+"   d= "+d+"   s= "+s);
14          System.out.println("i/d = "+i/d);
15          //System.out.printf("i/d = %6.4f¥n",i/d);
16      }
17  }
```

1.7 関連プログラム

実行結果
```
java Args_input 64  99.9   test
i= 64   d= 99.9   s= test
i/d = 0.6406406406406406
```

(2) 出力フォーマッティング

プログラム 1.5 において，System.out.println( ) メソッドの代わりに，System.out.printf( ) メソッドを用いるとフォーマッティングができる。i/d の出力を小数点以下 4 桁までの表示としたプログラムを**プログラム 1.6** に示す。ここで，System.out.printf("i/d = %6.4f¥n", i/d); の "%6.4f" は，全体の桁数が 6 桁で，小数点以下を 4 桁で表示させることを意味している。

プログラム 1.6 出力のフォーマッティング（Args_input2.java）

```
1  // Args_input2.java      (1-6)      usage: java Args_input2 i d s
2  public class Args_input2{
3      public static void main(String[] args){
4          if( args.length < 3 ){
5              System.out.println("usage:java  Args_input i d s" );
6              System.out.println(
7                  "( i: integer value, d: double value, s: string value )");
8              System.exit(1);
9          }
10         int i = Integer.parseInt(args[0]);
11         double d = Double.parseDouble(args[1]);
12         String s = args[2];
13         System.out.println("i= "+i+"   d= "+d+"   s= "+s);
14         System.out.printf("i/d = %6.4f¥n",i/d);
15     }
16 }
```

実行結果
```
java Args_input 64  99.9   test
i= 64  d= 99.9  s= test
i/d = 0.6406
```

表 1.3 に System.out.printf( ) メソッドを用いた使用例を示す。

(3) 乱数の生成

Java で**乱数**（random number）を生成するときに便利なメソッドが，Math.random( ) メソッドである。これは，Math クラスの random( ) メソッドを示している。このメソッドは，0 〜 1 未満の実数を生成する。ここでは，整数値の範囲 min 〜 max の乱数を発生させるメソッドを作成して，0 〜 100 の範囲

表 1.3 System.out.printf( ) メソッドの使用例

		String str="abc"; int i1=3; int i2=-3; double d1=Math.sqrt(2); double d2=-d1;	
1	%s	System.out.printf("%s", str);	abc
2	%d	System.out.printf("%d", i1);	3
		System.out.printf("%5d", i1);	3　（5桁右つめ）
		System.out.printf("%-5d", i1);	3　　　（5桁左つめ）
		System.out.printf("%05d", i1);	00003　（5桁0埋め）
		System.out.printf("%d", i2);	-3
		System.out.printf("%5d", i2);	-3　（5桁右つめ）
		System.out.printf("%-5d", i2);	-3　　　（5桁左つめ）
		System.out.printf("%02d", i2);	-0003　（5桁0埋め）
3	%f	System.out.printf("%f", d1);	1.414214
		System.out.printf("%8.2f", d1);	1.41 （8桁小数点以下2桁右つめ）
		System.out.printf("-8.2%f", d1);	1.41 （8桁小数点以下2桁左つめ）
		System.out.printf("%f", d2);	-1.414214
		System.out.printf("%8.2f", d2);	-1.41 （8桁小数点以下2桁右つめ）
		System.out.printf("-8.2%f", d2);	-1.41 （8桁小数点以下2桁左つめ）
4	%x	System.out.printf("%x", 15);	f　　　（16進数）

の乱数を 20 個生成することを考える．プログラム 1.7 にそのプログラムと実行結果を示す．

プログラム 1.7　乱数（Rand.java）

```java
1  // Rand.java      (1-7)
2  import java.util.*;
3  public class Rand{
4      static int rand( int min, int max){
5          return (int)( Math.random( ) * ((max - min) + 1)) + min;
6      }
7      public static void main(String[] args){
8          int min = 0, max = 100;
9          for( int i= 0; i<20; i++) {
10             if(i%5==0) System.out.println();
11             System.out.printf("%6d",rand( min, max ) );
```

```
12         }
13         System.out.println();
14     }
15 }
```

実行結果

41	22	21	12	67
14	97	100	3	64
26	84	13	62	16
64	88	67	59	27

このメソッドは，乱数の種（seed）に現在時刻が用いられているため，実行結果は毎回異なる．したがって，もし同一の乱数系列で複数のアルゴリズムの評価をしたい場合には，この出力をテキストファイルに書き出しておき，各アルゴリズムの実行時にテキストファイルから読み込むようにすればよい．

(4) テキストファイルの入出力

Java にはファイル入出力に便利な多くのクラスが実装されている．ここでは，それらの中から，File，BufferedWriter クラス，BufferedReader を用いた入出力プログラムを作成する．

・テキストファイルの出力（BufferedWriter クラスの利用）

BufferedWriter クラスを用いて，上記で作成した 20 個の乱数をテキストファイル "rand_20.txt" に出力するプログラムを考える．そのプログラムを**プログラム 1.8** に示す．

プログラム 1.8 テキストファイルへの出力（File_output.java）

```
1  // File_output.java     (1-8)
2  import java.io.*;
3  class File_output{
4      public static void main(String args[]){
5          int MAX = 20;
6          int[] rand_number = new int[MAX];
7          Rand rnd = new Rand();
8          for( int i=0; i<MAX; i++) rand_number[i] = rnd.rand( 0, 100 );
9          try{
10             File file =new File("rand_20.txt");
11             FileWriter     fw = new FileWriter(file, false);
12             BufferedWriter bw = new BufferedWriter(fw);
13             //BufferedWriter bw = new BufferedWriter(
14             //   new FileWriter(new File("rand_20.txt"), false));
15             for( int i=0; i<MAX; i++) bw.write(rand_number[i]+",");
```

```
16              bw.close();
17          }catch(IOException e){System.out.println(e);}
18      }
19 }
```

実行結果 ・・ （ファイル rand_20.txt が，生成される。）

プログラム 1.8 に示したように，File，FileWriter，BufferedWriter クラスの順に BufferedWriter クラスのインスタンス（bw）を生成している。ここで，FileWriter(file, false) の false は上書きを意味し，true とすると追加モードとなる。

```
File           file = new File( "rand_20.txt" ) ;
FileWriter     fw = new FileWriter( file, false );
BufferedWriter bw = new BufferedWriter( fw );
```

また，上記の 3 行は引数の中で new 演算子を用いることにより，1 行でも記述できる。

```
BufferedWriter bw = new BufferedWriter(
   new FileWriter( new File( "rand_20.txt"), false ) );
```

ファイルへの書き込みは，BufferedWriter クラスの write( ) メソッドを用いて，カンマ（,）区切りで処理されている。改行コードを用いていないので，すべてのデータが 1 行で出力される。

```
for( int i=0; i<MAX; i++)   bw.write( rand_number[i]+",");
```

・テキストファイルの入力（BufferedReader クラスの利用）

つぎに，このテキストファイルを読み込んで表示するプログラムを**プログラム 1.9** に示す。このテキストファイルには，カンマ（,）区切りで数字が入っているので，String クラスの split( ) メソッドで String 型の配列（str）に分割している。

プログラム 1.9　テキストファイルからの入力（File_input.java）

```
1 // File_input.java    (1-9)
2 import java.io.*;
3 class File_input{
4     public static void main(String args[]){
5         int MAX = 20;
6         int[] rand_number = new int[MAX];
```

1.7 関連プログラム

```
7          try{
8              File file =new File("rand_20.txt");
9              BufferedReader br = new BufferedReader(new FileReader(file));
10             String s;
11             while((s = br.readLine()) != null) {
12                 String[] str = s.split(",");
13                 for( int i=0; i<str.length; i++)
14                     rand_number[i]=Integer.parseInt(str[i]);
15             }
16             br.close();
17         }catch(IOException e){System.out.println(e);}
18         for(int i=0; i<MAX; i++) System.out.print(rand_number[i]+",");
19     }
20 }
```

実行結果 ・・ 61,38,16,90,0,63,38,35,54,60,18,9,78,1,64,83,63,91,93,12,

なお，大量のデータのファイル入出力をする場合には，ファイルの可読性をよくするために，改行とフォーマッティングされたデータを扱うことが多い。以下のプログラムは，そのような考え方によるものである。

ファイル出力の場合は，プログラム 1.10 に示すように，PrintWriter クラスを用いて，String クラスの format( ) メソッドでフォーマッティングされたデータを出力している。

プログラム 1.10　テキストファイルへの出力 2（File_output2.java）

```
1  // File_output2.java    (1-10)
2  import java.io.*;
3  class File_output2{
4      public static void main(String args[]){
5          int MAX = 20;
6          int[] rand_number = new int[MAX];
7          Rand rnd = new Rand();
8          for( int i=0; i<MAX; i++) rand_number[i] = rnd.rand( 0, 100 );
9          try{
10             File file =new File("rand_20F.txt");
11             FileWriter     fw = new FileWriter(file, false);
12             BufferedWriter bw = new BufferedWriter(fw);
13             PrintWriter    pw = new PrintWriter(bw);
14             for( int i=0; i<MAX; i++){
15                 if(i%5==0 && i != 0) pw.write("¥n");
16                 String s = String.format("%5d,",rand_number[i]);
17                 pw.write(s);
18             }
19             pw.close();
```

```
20      }catch(IOException e){System.out.println(e);}
21    }
22 }
```

実行結果 ‥ （ファイル rand_20F.txt が，生成される。）

一方，ファイル入力の場合は，**プログラム 1.11** に示すように，空白文字に対する注意が必要である．すなわち，split( ) メソッドで分割された5桁の数字の先頭部分には空白文字が入っているが，この空白文字は，int 型などへの型変換の際に不要である．したがって，String クラスの trim( ) メソッドを用いて削除する必要がある．

プログラム 1.11 テキストファイルからの入力 2 （File_input2.java）

```
1  // File_input2.java    (1-11)
2  import java.io.*;
3  class File_input2{
4      public static void main(String args[]){
5          int MAX = 20;
6          int[] rand_number = new int[MAX];
7          try{
8              File file =new File("rand_20F.txt");
9              BufferedReader br = new BufferedReader(new FileReader(file));
10             int row = 0;
11             String s;
12             while((s = br.readLine()) != null) {
13                 String[] str = s.split(",");
14                 int col_max = str.length;
15                 for( int col=0; col<col_max; col++){
16                     rand_number[ row*col_max+col ]=
17                         Integer.parseInt( str[col].trim( ) );
18                 }
19                 row++;
20             }
21             br.close();
22         }catch(IOException e){System.out.println(e);}
23
24         for(int i=0; i<MAX; i++){
25             if(i!=0 && i%5==0)System.out.println();
26             System.out.printf("%5d,",rand_number[i]);
27         }
28     }
29 }
```

実行結果

```
20,   85,   96,   55,   52,
28,   27,   97,   43,    7,
 9,    8,   39,   27,   59,
73,   83,   13,   31,   78,
```

(5) 日時の取扱い

センサなどから得られるデータや Web を用いて入力されるデータを処理する場合は，日時のデータを扱う場合が多い。ここでは，Date クラスと Calendar クラスを用いて，年，月，日，時間，分，秒などを取り出すことを考える。

・Date クラスの使用例

プログラム 1.12 は，Date クラスの動作を確認するテストプログラムである。String.format( ) メソッドを用いて String 型の年月日時分秒を取り出している。

プログラム 1.12 Date クラスの使用例（DateApp.java）

```java
// DateApp.java      (1-12)
import java.util.Date;
import java.text.SimpleDateFormat;
public class DateApp{
    public static void main(String[] ags){
        Date date = new Date();
        System.out.println(date.toString());
        String yyyy= String.format("%tY",date); System.out.println("year = "+yyyy);
        String MM = String.format("%tm",date); System.out.println("month= "+MM);
        String dd = String.format("%td",date); System.out.println("day  = "+dd);
        String HH = String.format("%tH",date); System.out.println("hour = "+HH);
        String mm = String.format("%tM",date); System.out.println("min  = "+mm);
        String ss = String.format("%tS",date); System.out.println("sec  = "+ss);
        SimpleDateFormat df = new SimpleDateFormat("yyyy/MM/dd HH:mm:ss");
        System.out.println("SimpleDateFormat: "+df.format(date));
    }
}
```

実行結果

```
Sat Jan 12 07:42:11 JST 2019
year = 2019
month= 01
day  = 12
hour = 07
min  = 42
sec  = 11
SimpleDateFormat: 2019/01/12 07:42:11
```

・Calendar クラスの使用例

プログラム 1.13 は，Calendar クラスの動作を確認するテストプログラムである。Calendar クラスは，演算子 new ではなく，getInstance( ) メソッドを呼ぶことにより，オブジェクトを生成する。

プログラム 1.13　日時の取扱い（NowApp.java）

```java
1  // NowApp.java     (1-13)
2  import java.util.Calendar;
3  class Now{
4      int    year, month, day, hour, min, sec, msec, week;
5      String yyyy, MM, dd, HH, mm, ss, ms, WEEK;
6      Now(){
7          String[] week_name =
8              {"Sun", "Mon", "Tue", "Wed", "Thu", "Fri", "Sat"};
9          Calendar calendar = Calendar.getInstance();
10         year  = calendar.get(Calendar.YEAR);
11         month = calendar.get(Calendar.MONTH) + 1;
12         day   = calendar.get(Calendar.DATE);
13         hour  = calendar.get(Calendar.HOUR_OF_DAY);
14         min   = calendar.get(Calendar.MINUTE);
15         sec   = calendar.get(Calendar.SECOND);
16         msec  = calendar.get(Calendar.MILLISECOND);
17         week  = calendar.get(Calendar.DAY_OF_WEEK) - 1;
18
19         yyyy = String.valueOf(year);
20         MM = String.valueOf(String.format("%02d", month));
21         dd = String.valueOf(String.format("%02d", day));
22         HH = String.valueOf(String.format("%02d", hour));
23         mm = String.valueOf(String.format("%02d", min));
24         ss = String.valueOf(String.format("%02d", sec));
25         ms = String.valueOf(String.format("%03d", msec));
26         WEEK = week_name[ week ];
27     }
28     public String getCurrentTime(){
29         return  yyyy+"/"+MM+"/"+dd+" "+HH+":"+mm+":"+ss+
30             "."+ms+" ("+WEEK+")";
31     }
32     public String getNow(){return yyyy+"/"+MM+"/"+dd+" "+HH+":"+mm;}
33 }
34 public class NowApp{
35     public static void main(String[] args){
36         Now now = new Now();
37         System.out.println( now.getCurrentTime( ) );
38         System.out.println( now.getNow( ) );
39     }
```

実行結果 ・・ 2019/01/05 08:40
2019/01/05 08:40:52.596 (Sat)

(6) 外部プログラムの起動

外部のプログラムやシェルコマンドを起動するには，Runtime クラスを用いる。プログラム 1.14 にプログラムを示す。

プログラム 1.14 外部プログラムの起動例（ExternalApp.java）

```
1   // ExternalApp.java      (1-14)
2   public class ExternalApp{
3       public static void main( String[] args ){
4           //--- windows ---
5           String cmd = "cmd /c start cmd.exe /K java NowApp";
6           //String cmd = "calc";     //<----(a)
7           //String cmd = "cmd /c start cmd.exe /K test";   //<----(b)
8
9           //--- Linux ---
10          //String cmd = "cal";           //<----(c)
11          //String cmd = "java NowApp";  //<----(d)
12
13          System.out.println("cmd = "+cmd);
14          Runtime  runtime = Runtime.getRuntime();
15          try{  runtime.exec( cmd );
16          }catch(Exception e){ System.out.println(e);}
17      }
18  }
```

実行結果 ・・ 2019/01/05 13:16:13.501 (Sat)
2019/01/05 13:16

ここでは，Windows のコマンド "cmd /c start cmd.exe /K java NowApp" で，新しいコマンドプロンプトを起動し，プログラム 1.13 で作成した NowApp を起動（java NowApp）している。なお，プログラム 1.14 のコメント (a) をはずして実行すると，Windows 電卓が起動される。また，この方法はバッチファイルも起動できる。バッチファイルとして，test.bat を作成し，そこに下記を記入し，プログラム 1.14 のコメント (b) をはずして実行すると，上記と同等なことが可能である（text.bat に下記を記述）。

```
java NowApp
calc
```

なお，Linux の場合も Runtime クラスの exec( ) メソッドに，(c) や (d) のような Linux のコマンドを与えると，外部のプログラムを起動できる。この方法は，C 言語などのほかの言語で作成されたプログラムを起動したい場合などに有用である。

(7) スリープ

プログラムの実行を一定時間停止するには，Thread.sleep( ) メソッドを用いる。Thread.sleep(5000) とすると，5000 ミリ秒（msec）スリープする。プログラム 1.15 にプログラムを示す。

プログラム 1.15　スリープ（SleepApp.java）

```
1   // SleepApp.java     (1-15)
2   public class SleepApp{
3       public static void main( String[] args ){
4           Now now = null;
5           try{
6               now = new Now();
7               System.out.println("sleep start at "+now.ss);
8
9               Thread.sleep(5000); // 5000 (msec)
10
11              now = new Now();
12              System.out.println("sleep end at    "+now.ss);
13          }catch(Exception e){ System.out.println(e);}
14      }
15  }
```

実行結果
```
sleep start at 04 (sec)
sleep end at   09 (sec)
```

(8) キーボードからのデータ入力

標準入力は System クラスの in フィールドから取得できる。プログラム 1.16 はキーボードからデータを入力するプログラムである。

プログラム 1.16　キーボードからのデータ入力（Keybord.java）

```
1   // Keybord.java    (1-16)
2   import java.util.Scanner;
3   public class Keybord{
4       public static void main(String[] args){
5           int i;
```

1.7 関連プログラム

```
 6        double d;
 7        String s;
 8        Scanner scan = new Scanner(System.in);
 9        System.out.print("Input i= "); i = scan.nextInt();
10        System.out.print("Input d= "); d = scan.nextDouble();
11        System.out.print("Input s= "); s = scan.next();
12        System.out.println("i = " + i);
13        System.out.println("d = " + d);
14        System.out.println("s = " + s);
15    }
16 }
```

実行結果
```
Input i= 12
Input d= 55.5
Input s= test
i = 12
d = 55.5
s = test
```

(9) 定周期処理

定周期処理は，Timer クラスと TimerTask クラスを用いてつぎのように実現できる。

① TimerTask クラスを継承したクラスを作成し，run( ) メソッドに実行した処理を記述する。

② Timer クラスのインスタンスを作成し，上記のクラス，実行開始時刻，実行間隔を schedule( ) メソッドの引数として呼び出す。

プログラム 1.17 は定周期処理のプログラム，プログラム 1.18 は 1 分周期処理のテスト用のプログラムである。

プログラム 1.17　定周期処理（Periodic.java）

```
 1 // Periodic.java      (1-17)
 2 import java.util.Date;
 3 import java.util.TimerTask;
 4 public class Periodic extends TimerTask{
 5     Date now;
 6     public void run(){
 7         now = new Date();
 8         System.out.println("Time : "+now);
 9         //-----------------
10         // write code
11         //-----------------
12     }
```

```
13  }
```

プログラム 1.18 定周期テストプログラム（PreodicApp.java）

```
1   // PeriodicApp.java      (1-18)
2   import java.util.Date;
3   import java.util.Timer;
4   public class PeriodicApp{
5       public static void main( String[] args ){
6           int period = 60; // (sec.)
7           int dt = 0;
8           Date now = new Date();
9           String mm = String.format("%tM",now);
10          String ss = String.format("%tS",now);
11          int min = Integer.parseInt(mm);
12          int sec = Integer.parseInt(ss);
13          System.out.println("### min= "+min+"  sec= "+sec);
14          if( period > 60 ) dt = period - (min * 60 + sec);
15          else dt = period - sec;
16          System.out.println("### waiting ... dt = "+ dt);
17          try{ Thread.sleep( dt * 1000 );
18          }catch( Exception e){}
19          Timer timer = new Timer();
20          //-------------------------------
21          Periodic p = new Periodic();
22          //-------------------------------
23          timer.schedule( p, 0, 1000 * period );
24      }
25  }
```

実行結果

```
### min= 9  sec= 24
### waiting ... dt = 36
Time : Sun Feb 17 16:10:00 JST 2019
Time : Sun Feb 17 16:11:00 JST 2019
...
```

演習問題

1-1 クラスはオブジェクトを作成するためのひな型で，プログラマが定義した新しい型とみなされる。int，double など基本データ型というのに対して，これを□□□□という。□□□□に入る適切な用語はどれか。

　　ア　オブジェクト型　　イ　クラス型　　ウ　メンバ型　　エ　構造体型

1-2 クラスを new 演算子でコピーしたものがオブジェクトである。□□□□メソッドをインスタンスメソッドといい，Java でメソッドというと，普通はインスタンスメソッドのことである。□□□□に入る適切な文章はどれか。

ア　クラスの中で動く　　イ　オブジェクトの中で動く
ウ　フィールドで動く　　エ　メンバーで動く

1-3 static の付いたメソッドをクラスメソッドという。クラスメソッドはプログラム実行開始前に一度だけ作成されるが，実行開始後，☐。☐に入る適切な文章はどれか。

ア　いつでも作成できる　　イ　新たに作成されることはない
ウ　コピーできる

1-4 インスタンスメソッドはオブジェクトが入っている変数の名前にメンバ参照演算子を付けて呼び出すが，クラスメソッドは☐にメンバ参照演算子を付けて呼び出す。☐に入る適切な用語はどれか。

ア　クラス名　　　イ　オブジェクト名
ウ　フィールド名　エ　メソッド名

1-5 コンパイル，実行した結果として正しいものはどれか。

```
class A {
    public static void main(String[] args) {
        for (int i = 0; i <= 10; i++) {
            if (i > 6) break;
        }
        System.out.println(i);
    }
}
```

ア　コンパイルエラー　　イ　実行時エラー　　ウ　6　　エ　7

1-6 コンパイル，実行した結果として正しいものはどれか。

```
class A {
    public static void main(String[] args) {
        int b[] = {1, 2, 3, 4};
        for (int a : b) {
            System.out.print(a);
        }
    }
}
```

ア　コンパイルエラー　　　イ　実行時エラー
ウ　なにも表示されない　　エ　1234

第2章 基本的なアルゴリズム

ソフトウエア設計手法の一つとして，**構造化プログラミング**（structured programming）がある。構造化プログラミングは，個々の処理を小さな単位に分解し，階層的な構造にしてわかりやすいプログラムを作成する技法である。プログラムは，連接（逐次），選択，反復（ループ）のみによって構築することが可能であるという考え方である。

本章では，フローチャート，判断としての if-else 文，そして，反復としての for 文，while 文，do-while 文について説明する。

2.1 フローチャート

フローチャート（flow chart）は，アルゴリズムをわかりやすく表すために，各処理を箱で表現し，処理の流れを，それらの箱との間の矢印で示す図である。フローチャートを用いることによって

1 問題解決の方法を視覚的に明確に表現できる。
2 処理手順の検証が可能となるため，問題点の発見が容易になる。
3 複数人でのプログラム開発時に情報の共有が可能になる。

などの利点がある。

フローチャートで用いられる記号は，日本産業規格（JIS）において「情報処理用流れ図記号」として示されている。ここでは，基本処理技術者試験の過去問題で利用されている代表的な記号を**表 2.1** に示す。

表に示すように，データは平行四辺形，処理は長方形，定義済み処理は長方形の左右を二重線にした形で表現される。また，判断はひし形，反復は六角形2つを用いて処理を挟み込んだ形で表現される。なお，反復の表記には後述のように判断（ひし形）と処理（長方形）と矢印を付した制御の流れを表す線を用いても表現される。

2.2 判 断

表 2.1 フローチャートの代表的な記号

記 号	内 容
データ（平行四辺形）	媒体を指定しないデータを表す。
処理（長方形）	任意の種類の処理機能を表す。
定義済み処理（両側に縦線のある長方形）	別の場所で定義された1つ以上の演算または命令群からなる処理を表す。
判断（ひし形、Y／N）	条件に従って判断し分岐する機能を表す。
反復名 $i:a,b,c$（六角形、上下ペア）	2つの部分からなり，ループの始まりと終わりを表す。 i：変数名 a：初期値 b：増分 c：終了値
────	制御の流れを表す。
端子（長円）	外部環境への出口，または外部環境からの入口を表す。

2.2 判 断

(1) 判断の構文

判断は，条件式の結果に対応して，別の処理を実施する制御構造であり，Java には if-else 文と if 文がある。

まず，if-else 文のフローチャートと構文を図 2.1 に示す。

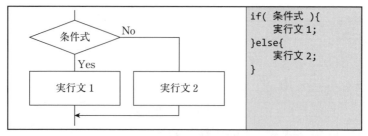

図 2.1 if-else 文の構文

if-else 文は，条件式を評価し，その結果が真（true）なら実行文 1 を，偽（false）なら実行文 2 を実行する．また，else 部がない場合の構文は図 2.2 であり，if 文と呼ばれる．

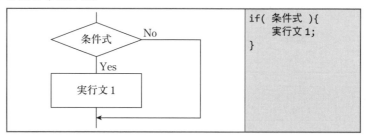

図 2.2 if 文の構文

なお，実行文 1 や実行文 2 が 1 つの実行文であれば，{ } は省略可能である．

(2) 関係演算子

条件式では，**関係演算子** (relational operator) を用いて 2 つの値が比較される．表 2.2 に関係演算子を示す．

表 2.2 関係演算子

演算子	説　明	演算子	説　明
=	左辺と右辺の値が等しい	<>	左辺と右辺の値が等しくない
>	左辺が右辺の値より大きい	>=	左辺が右辺の値以上
<	左辺が右辺の値より小さい	<=	左辺が右辺の値以下

(3) 論理演算子

条件式では，関係演算子を使うことでさまざまな条件を記述することができるが，さらに**論理演算子** (logical operators) を使うことで複数の条件式を組み

2.3 反復（ループ）

表 2.3　論理演算子

演算子	説　明
AND	論理積
OR	論理和
NOT	否　定

合わせた，より複雑な条件式を記述できる．表 2.3 に論理演算子を示す．

(4) 3項演算子

Java には，if-else 文の短縮形として動作する **3 項演算子**（ternary operator）がある．構文を以下に示す．条件式を評価し，真（true）なら実行文 1，偽（false）なら実行文 2 を処理する．

```
条件式 ? 実行文1 : 実行文2
```

3 項演算子（if-else 文の短縮形）

2.3　反復（ループ）

Java には，for 文，while 文，そして do-while 文の 3 種類のループ構造がある．以下，それぞれについて説明する．

(1) for 文

for 文は，単一の実行文や複数の実行文を指定の回数だけ繰り返し実行する場合に用いる．その構文を図 2.3 に示す．

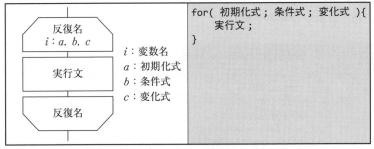

図 2.3　for 文の構文

なお，実行文が 1 つの実行文であれば，{ } は省略可能である．また，for 文を用いて**無限ループ**（infinite loop）を実現することができる．その構文を

以下に示す。

```
for( ; ; ){
    実行文；
}
```

for 文を用いた無限ループ

無限ループを脱出する場合は，break 文を用いる。break 文は，ループ内の任意の部分からループを脱出することができる。ループ内で if 文の条件式が成立した場合にループを脱出する構文を以下に示す。

```
for( ; ; ){
    実行文；
    if( 条件式 ) break;
}
```

無限ループからの脱出

つぎに，拡張 for 文（enhanced for loop）について説明する。拡張 for 文は，配列やコレクションと呼ばれる複数の要素をもっているものからすべての要素に含まれる値を順に取り出して処理するために使われる。その構文を以下に示す。

```
for( 型 変数名 : 配列名 ){
    実行文；
}
```

拡張 for 文の構文

(2) for 文のプログラム例

プログラム 2.1 に for 文のプログラム例を示す。このプログラムは，10 個の整数の和を計算するものである。

プログラム 2.1　整数の和（IntSum_for.java）

```
1   // IntSum_for.java      (2-1)
2   public class IntSum_for {
3       public static int intsum_for(int[] a){      // method
4           int sum = 0;
5           for( int i=0; i<a.length; i++) sum += a[i];
6           // for(int i : a) sum += i;
7           return sum;
8       }
9       public static void main(String[] args){   // main method
10          int[] a = { 1, 2, 3, 4, 5, 6, 7, 8, 9, 10 } ;
11          System.out.println("sum = " + intsum_for( a ) );
```

```
12      }
13 }
```

実行結果 •• `sum = 55`

なお，プログラム 2.1 の for 文は，下記の拡張 for 文で置き換えることができる．

```
for( int i:a) sum += i;
```

(3) while 文

2 番目のループ構成として，while 文を説明する．その構文を図 2.4 に示す．while ループは，条件式が真（true）である限り実行文を繰り返し，条件式が偽（false）になるとループは停止する．ループの先頭で条件式が評価されるので，前判定（pre-test loop）と呼ばれる．

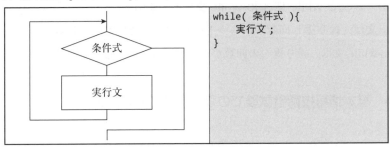

図 2.4　while 文の構文

(4) do-while 文

3 番目のループ構成として，do-while 文を説明する．その構文を図 2.5 に示す．do-while ループは，条件式が真（true）である限り実行文を繰り返し，条件

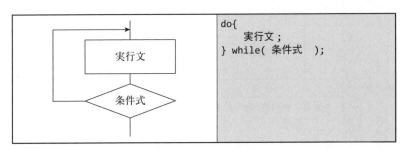

図 2.5　do-while 文の構文

式が偽（false）になるとループは停止する。ループの最後で条件式が評価されるので，**後判定**（post-test loop）と呼ばれる。

また，while文やdo-while文を用いて**無限ループ**（infinite loop）を実現することができる。その構文を以下に示す。ループからの脱出には，break文が用いられる。while(true)は，while(1)と記述される場合もある。

```
while( true ){
    実行文；
}
do{
    実行文；
while( true );
```

無限ループの構文

(5) for文とwhile文（do-while文）との違い

for文は，繰り返し回数があらかじめ既知の場合に用いられるが，while文やdo-while文は，繰り返しの回数が未定の場合に用いられる。

2.4 基本情報技術者試験での疑似言語の記述形式

判断とループについて，基本情報技術者試験で用いられている**疑似言語**（pseudo language）の記述形式を表 2.4 に示す。フローチャートを用いなくてもアルゴリズムの処理を考えることができるので，慣れることをお勧めする。

表 2.4 疑似言語の記述形式（基本情報技術者試験用）

判　断	if-else 文		if 文	
	↑条件式 　　処理1 　──── 　　処理2 ↓		↑条件式 ↓　処理	
ループ	for 文		while 文	do-while 文
	▪変数：初期値,条件式,増分 　　処理		▪条件式 　　処理	処理 ▪条件式

2.5 関連プログラム

(1) 反復 (for 文,while 文,do-while 文)

プログラム 2.1 に示した 10 個の整数の和を計算するプログラムは,for 文を用いている。プログラム 2.2 は,for 文に加えて,同一の処理を while 文と do-while 文で記述したものである。

プログラム 2.2 反復 (for 文,while 文,do-while 文) (IntSum.java)

```java
// IntSum.java    (2-2)
public class IntSum {
    public static int intsum_for(int[] a){    // method
        int sum = 0;
        for( int i=0; i<a.length; i++){ sum += a[i];}
        return sum;
    }
    public static int intsum_while( int[] a){   // method
        int sum = 0, i = 0;
        while( i < a.length ) { sum += a[i]; i++; }
        return sum;
    }
    public static int intsum_dowhile( int[] a){   // method
        int sum = 0, i = 0;
        do{
            sum += a[i]; i++;
        }while( i < a.length );
        return sum;
    }
    public static void main(String[] args){    // main method
        int[] a = { 1, 2, 3, 4, 5, 6, 7, 8, 9, 10 } ;
        System.out.println("sum_for      = " + intsum_for( a ) );
        System.out.println("sum_while    = " + intsum_while( a ) );
        System.out.println("sum_do_while = " + intsum_dowhile( a ) );
    }
}
```

実行結果
```
sum_for      = 55
sum_while    = 55
sum_do_while = 55
```

(2) 処理時間の測定

アルゴリズムの効率を定量的に判定するためには,処理時間の測定が必要であ

る。System.nanoTime( ) メソッドを用いると，処理時間（ナノ秒，nsec）が計測される。ミリ秒で計測したい場合は，System.currentTimeMillis( ) メソッドを用いる。

```
long start = System.nanoTime();
測定対象の処理
long end = System.nanoTime();
System.out.println( (end - start )+ " (nsec)");
```

プログラム 2.3 は，for 文，while 文，do-while 文において，空文（;）を 1000 回ループする処理時間を表示するプログラムである。実行結果より，高速な順に並べると，for 文，do-while 文，そして while 文となっていることがわかる。

プログラム 2.3　処理時間の測定（ProcessTime.java）

```
1  // ProcessTime.java      (2-3)
2  public class ProcessTime{
3      public static void main(String[] args){
4          long start = System.nanoTime();
5          for( int i=0; i< 1000; i++){ ;} // for loop
6          long end = System.nanoTime();
7          System.out.println( "for loop      : "+(end - start ) + "  (nsec)");
8  
9          start = System.nanoTime();
10         int i=0; while(i<1000){ ; i++; } // while loop
11         end = System.nanoTime();
12         System.out.println( "while loop    : "+(end - start ) + "  (nsec)");
13  
14         start = System.nanoTime();
15         i=0; do{ ; i++; }while(i<1000);   // do-while loop
16         end = System.nanoTime();
17         System.out.println( "do-while loop : "+(end - start ) + "  (nsec)");
18     }
19 }
```

実行結果
```
for loop      : 10867  (nsec)     （注）使用コンピュータにより
while loop    : 12074  (nsec)          値は異なる
do-while loop : 11471  (nsec)
```

(3) 複素数の取扱い

科学技術計算では，**複素数**（complex number）を扱う場合が多い。プログラム 2.4 に Complex クラスを，プログラム 2.5 にその動作をテストするプログラムを示す。

2.5 関連プログラム

プログラム 2.4 複素数(Complex.java)

```java
1  // Complex.java      (2-4)
2  import java.util.*;
3  class Complex{
4      private final double re;
5      private final double im;
6      Complex( double real, double imag ){re = real; im = imag;}
7      public double abs(){ return Math.sqrt(re*re + im*im);}
8      public Complex add(Complex c){return new Complex(re+c.re, im+c.im);}
9      public Complex sub(Complex c){return new Complex(re-c.re, im-c.im);}
10     public Complex mul(Complex c){
11         double r = re * c.re - im * c.im;
12         double i = re * c.im + im * c.re;
13         return new Complex(r, i);
14     }
15     public Complex dev(Complex c){
16         double den = c.re*c.re + c.im*c.im;
17         double r = ( re * c.re + im * c.im)/den;
18         double i = (-re * c.im + im * c.re)/den;
19         return new Complex(r, i);
20     }
21     public String toString(){return  re+ " + i "+im;}
22 }
```

プログラム 2.5 複素数のテスト(ComplexApp.java)

```java
1  // ComplexApp.java      (2-5)
2  public class ComplexApp{
3      public static void main( String[] args ){
4          Complex c1 = new Complex( 1.0, 2.0 );
5          Complex c2 = new Complex( 3.0, 4.0 );
6          System.out.println("c1.abs()   = "+c1.abs());
7          System.out.println("c2.abs()   = "+c2.abs());
8          System.out.println("c1.add(c2) = "+c1.add(c2));
9          System.out.println("c1.mul(C2) = "+c1.mul(c2));
10         System.out.println("c1.dev(C2) = "+c1.dev(c2));
11     }
12 }
```

実行結果

```
c1.abs()   = 2.23606797749979
c2.abs()   = 5.0
c1.add(c2) = 4.0 + i 6.0
c1.mul(C2) = -5.0 + i 10.0
c1.dev(C2) = 0.44 + i 0.08
```

ここでは,2つの複素数 $c1 = 1 + i2$ と $c2 = 3 + i4$ を用いて,絶対値,和,積,除の結果を求めている。

演習問題

2-1 コンピュータで連立一次方程式の解を求めるのに，式に含まれる未知数の個数の 3 乗に比例する計算時間がかかるとする．あるコンピュータで 100 元連立一次方程式の解を求めるのに 2 秒かかったとすると，その 4 倍の演算速度をもつコンピュータで 1000 元連立一次方程式の解を求めるときの計算時間は何秒か．

 ア 1000 イ 600 ウ 500 エ 150

2-2 正の整数 M に対して，つぎの 2 つの流れ図に示すアルゴリズムを実行したとき，結果 x の値が等しくなるようにしたい． a に入れる条件として，適切なものはどれか．

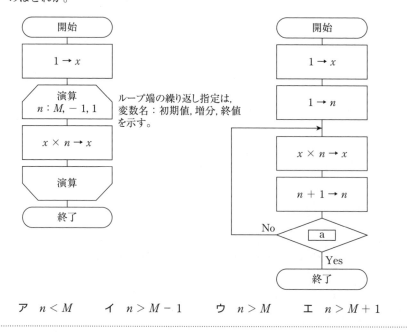

 ア $n < M$ イ $n > M - 1$ ウ $n > M$ エ $n > M + 1$

2-3 X と Y の否定論理積 X NAND Y は，NOT(X AND Y) として定義される．X OR Y を NAND だけを使って表した論理式はどれか．

 ア ((X NAND Y) NAND X) NAND Y
 イ (X NAND X) NAND (Y NAND Y)
 ウ (X NAND Y) NAND (X NAND Y)
 エ X NAND (Y NAND (X NAND Y))

2-4 整数型の変数 A と B がある。A と B の値にかかわらず，つぎの2つの流れ図が同じ働きをするとき，`a` に入る条件式はどれか。ここで，AND，OR，$\overline{X}$ は，それぞれ論理積，論理和，X の否定を表す。

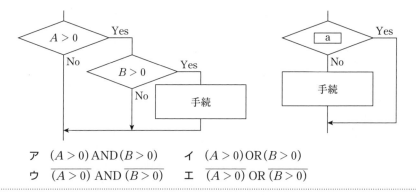

ア　$(A>0)\,\text{AND}\,(B>0)$　　イ　$(A>0)\,\text{OR}\,(B>0)$
ウ　$\overline{(A>0)}\,\text{AND}\,\overline{(B>0)}$　　エ　$\overline{(A>0)}\,\text{OR}\,\overline{(B>0)}$

2-5 プログラムの制御構造に関する記述のうち，適切なものはどれか。
　　ア　"後判定繰返し"は，繰返し処理の先頭で終了条件の判定を行う。
　　イ　"双岐選択"は，前の処理に戻るか，つぎの処理に進むかを選択する。
　　ウ　"多岐選択"は，2つ以上の処理を並列に行う。
　　エ　"前判定繰返し"は，繰返し処理の本体を1回も実行しないことがある。

2-6 つぎの流れ図は，1から N（$N \geqq 1$）までの整数の総和（$1+2+\cdots+N$）を求め，結果を変数 x に入れるアルゴリズムを示している。流れ図中の `a` に当てはまる式はどれか。

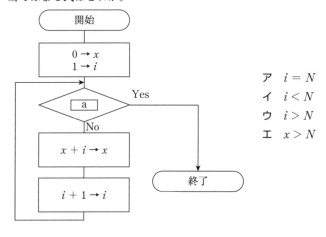

ア　$i = N$
イ　$i < N$
ウ　$i > N$
エ　$x > N$

2-7 つぎの流れ図は，10進整数 $j(0 < j < 100)$ を8桁の2進数に変換する処理を表している。2進数は下位桁から順に，配列の要素 NISHIN(1) から NISHIN(8) に格納される。流れ図の a および b に入る処理はどれか。ここで，j div 2 は j を2で割った商の整数部分を，j mod 2 は j を2で割った余りを表す。

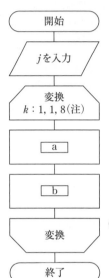

	a	b
ア	j div 2 → j	j mod 2 → NISHIN(k)
イ	j div 2 → NISHIN(k)	j mod 2 → j
ウ	j mod 2 → j	j div 2 → NISHIN(k)
エ	j mod 2 → NISHIN(k)	j div 2 → j

(注) ループ端の繰り返し指定は，変数名：初期値，増分，終値を示す。

第3章 配 列

　最も基本的なデータ構造は，同一型の複数のデータを一括して扱うデータ構造としての**配列**（array）である．配列は，配列全体を表す配列名と配列要素の番号を表す**添え字**（index）で管理される．
　本章では，配列，多次元配列，Java のクラスライブラリの使用，クラスの配列，および関連プログラムについて説明する．

3.1　配列とは

(1) 一次元配列

　配列は，同一型の変数である構成要素の集合である．構成要素の型は，int 型，double 型のような Java の**プリミティブ型**（primitive type）のみでなく，String 型やプログラマーが作成したクラスのような**参照型**（reference type）も含まれる．ここでは，図 3.1 に示す int 型の配列を例にして説明する．このような要素数が 5 個の配列は，以下のように生成する．

```
int[] a = new int[5];
```

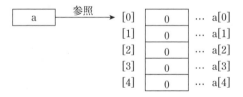

図 3.1　一次元配列

　ここで，new 演算子（new operator）で生成するのは，図に示すように配列本体への**参照**（reference）である．その参照先が a に代入される．これにより，a[0], a[1], a[2], a[3], a[4] という 5 個の要素からなる配列が確保される．配列の添え字（インデックス）は，0 から始まることに注意が必要である．

また，new 演算子で int 型配列を生成すると，各要素は 0 で初期化されているが，以下のようにして任意の値で初期化することも可能である。

```
int[] a = { 28, 32, 64, 1, 3 };
```

配列の各要素は，"配列名 [インデックス]" でアクセスできる。また，配列要素数は，配列の length フィールドに保存されているので，以下のようにして取り出すことができる。

```
a.length
```

したがって，図 3.1 における要素の内容表示は以下で可能である。

```
for( int i=0; i<a.length; i++)
   System.out.println("a[" +i+"] = "+a[i] );
```

(2) 一次元配列とループの例

一次元配列の要素の最小値と最大値を求めるプログラムを考える。図 3.2 (a) は最小値を求めるフローチャートである。その考え方は，まず，a[0] の

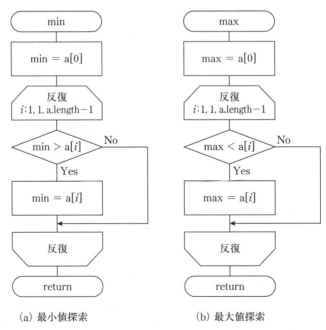

(a) 最小値探索　　　　(b) 最大値探索

図 3.2　最小値・最大値探索

要素をとりあえず最小値（min）としてセットし，a[1]〜a[4]を反復し，その中でminより小さい要素が現れた場合は，その値でminを置き換える。反復終了時にminに最小値がセットされている。最大値を求める処理も同様であるので説明は省略する。

プログラム3.1に最小値と最大値を求めるプログラムを示す。図に示したように，IntMaxminクラスは，min( )とmax( )の2つのメソッドを実装している。

プログラム3.1　最小値・最大値探索（IntMinMax.java）

```
1   // IntMinMax.java      (3-1)
2   public class IntMinMax {
3       public static int min(int[] a){        // method
4           int min = a[0];
5           for( int i=1; i<a.length; i++){ if(min > a[i]) min = a[i]; }
6           return min;
7       }
8       public static int max(int[] a){        // method
9           int max = a[0];
10          for( int i=1; i<a.length; i++){ if(max < a[i]) max = a[i]; }
11          return max;
12      }
13      public static void main(String[] args){    // main method
14          int[] a = { 28, 32, 64, 1, 3} ;
15          for( int i=0; i<a.length; i++) System.out.print("a[" +i+"] = "+a[i]+"   " );
16          System.out.println("¥nmin = "+ min(a)+ "   max = "+ max(a));
17      }
18  }
```

実行結果
```
a[0] = 28   a[1] = 32   a[2] = 64   a[3] = 1   a[4] = 3
min = 1   max = 64
```

3.2　多次元配列

多次元配列（multi-dimensional array）は，配列を構成要素型とする配列として表現される。以下，二次元配列について説明する。

(1) 二次元配列

二次元配列は，一次元配列を構成要素型としている。ここでは，図3.3に示すint型の配列を例にして説明する。図のような3行2列の配列は，以下のよ

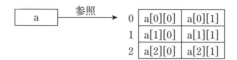

図 3.3 二次元配列

うに生成する。

```
int[][] a = new int[3][2] ;
```

配列の要素には，行と列のインデックスを指定することによりアクセスが可能である。各次元のインデックスは 0 から始まっている。また，new 演算子で int 型配列を生成すると，各要素は 0 で初期化されているが，以下のようにして任意の値で初期化することも可能である。

```
int[][] a = { { 33, 71 },
              { -16, 45 },
              { 99, 27 }};
```

多次元配列の行数は，下記のようにして取り出すことができる。

```
a.length
```

個々の配列の列数は，下記のようにして取り出すことができる。

```
a[0].length
```

(2) 多次元配列のループの例

多次元配列と反復の例として，二次元配列の要素の値を表示するプログラムを示す。プログラム 3.2 は，3 行 × 2 列の二次元配列の各要素の値を表示するものである。

プログラム 3.2　二次元配列（TowDimArray.java）

```
1   // TowDimArray.java      (3-2)
2   public class TowDimArray {
3       public static void main(String[] args){   // main method
4           int[][] a = { { 33, 71 },
5                         { -16, 45 },
6                         { 99, 27 }};
7           int nrow = a.length;
8           int ncol = a[0].length;
9           for( int i=0; i<nrow; i++){
```

3.3 Java クラスライブラリの利用

```
10              for(int j=0; j<ncol; j++)
11                  System.out.printf("a[%d][%d] = %3d   ",i,j,a[i][j] );
12              System.out.println();
13          }
14          System.out.println("nrow = "+nrow+"  ncol = "+ncol);
15      }
16  }
```

実行結果
```
a[0][0] =  33   a[0][1] = 71
a[1][0] = -16   a[1][1] = 45
a[2][0] =  99   a[2][1] = 27
nrow = 3   ncol = 2
```

3.3 Java クラスライブラリの利用

Java には頻繁に使用されるデータ構造やメソッドが Java クラスライブラリ（JCL: Java class library）として準備してある。配列なども，ArrayList 型で実現することができる。プログラム 3.3 は，int 型配列を JCL を用いて実現するプログラムである。

プログラム 3.3　クラスライブラリを利用した配列（ArrayListApp.java）

```
1   // ArrayListApp.java     (3-3)
2   import java.util.ArrayList;
3   public class ArrayListApp {
4       public static void main(String[] args){    // main method
5           ArrayList<Integer> arr = new ArrayList<>();
6           arr.add(64); arr.add(28);
7           arr.add(61); arr.add(32);
8           System.out.println("ArrayList : arr = " + arr);
9           arr.add(3, 29);
10          System.out.println("After add(3,28) : " + arr);
11      }
12  }
```

実行結果
```
ArrayList : arr = [64, 28, 61, 32]
After add(3,28) : [64, 28, 61, 29, 32]
```

JCL には，ジェネリックス（generics）が用いられている。ジェネリックスは，汎用的なクラスやメソッドを特定の型に対応させる機能である。プログラム 3.3 には，ジェネリックスの以下の記述が用いられている。

```
ArrayList<Integer> arr = new ArrayList<>();
```

　以下，ジェネリックスが使われる理由について簡単に説明する。通常のプログラミングでは，データ型を指定してデータを扱う。しかし，場合によってはデータ型を指定せずにプログラムの振る舞いだけを定義し，データ型は必要なときに指定するようにすれば，コーディング量を削減することが可能となる。

　すなわち，クラスやメソッドを記述する場合に，汎用的なクラスや汎用的なメソッドを1つ作成しておいて，使用時にデータ型を指定できる仕組みがあればよいことになる。このような仕組みが，ジェネリックスを用いることにより実現できる。したがって，プログラム3.3のプログラムの該当部分を下記のように変更すると，String型配列が扱えるようになる。

```
ArrayList<String> arr = new ArrayList<>();
```

3.4 クラスの配列

　第1章で作成したStudentクラス（プログラム1.2）を用いて，クラスの配列について説明する。クラス配列の利用例をプログラム3.4に示す。この例では，5名の学生のデータをセットするために，最初にStudent[ ] s = new Student[5]で，クラス配列のサイズを確保する必要がある。そして，Studentクラスのコンストラクタにより，クラス配列にデータをセットし，その内容を表示している。

プログラム 3.4 Studentクラスの配列の利用（StudentArrayApp.java）

```
1  // StudentArrayApp.java      (3-4)
2  public class StudentArrayApp {
3      public static void main(String[] args){
4          Student[] s = new Student[5];
5          s[0] = new Student( 1, "T", 64 ); s[1] = new Student( 2, "C", 28 );
6          s[2] = new Student( 3, "N", 61 ); s[3] = new Student( 4, "Y", 32 );
7          s[4] = new Student( 5, "K", 29 );
8          for( int i=0; i<s.length; i++)
9              System.out.print(" { "s[i].getNo()+" "+s[i].getName()+" "+
10                             s[i].getAge()+" } ");
11         System.out.println();
```

```
12      }
13 }
```

実行結果 ･･ { 1 T 64 } { 2 C 28 } { 3 N 61 } { 4 Y 32 } { 5 K 29 }

　学生の数が未定の場合，ArrayList を用いることができる．このプログラムを ArrayList を用いて，最初に配列のサイズを決めないようにしたものをプログラム 3.5 に示す．Student クラスには，4 つのメソッドを追加している．リストのサイズは，size( ) メソッドで取り出すことができる．

プログラム 3.5　Student クラスの ArrayList の利用（StudentArrayListApp.java）

```java
1  // StudentArrayListApp.java      (3-5)
2  import java.util.ArrayList;
3  public class StudentArrayListApp {
4      public static void main(String[] args){
5          ArrayList <Student> s = new ArrayList<>();
6          s.add( new Student(1, "T", 64) ); s.add( new Student(2, "C", 28) );
7          s.add( new Student(3, "N", 61) ); s.add( new Student(4, "Y", 32) );
8          s.add( new Student(5, "K", 29) );
9          System.out.println(s);
10         for( int i=0; i<s.size(); i++) System.out.print(s.get(i).getNo()+" ");
11         System.out.println();
12         for( int i=0; i<s.size(); i++) System.out.print(s.get(i).getName()+" ");
13         System.out.println();
14         for( int i=0; i<s.size(); i++) System.out.print(s.get(i).getAge()+" ");
15         System.out.println();
16     }
17 }
```

実行結果 ･･ [1 T 64, 2 C 28, 3 N 61, 4 Y 32, 5 K 29]
　　　　　　　1 2 3 4 5
　　　　　　　T C N Y K
　　　　　　　64 28 61 32 29

3.5　関連プログラム

(1) 2 重ループ

　2 重ループの例として，プログラム 3.6 に九九の表を表示するプログラムを示す．このプログラムでは，外側のループインデックスを i，内側のループインデックスを j としている．

```
プログラム 3.6   2重ループ （DoubleLoop.java）
1  // DoubleLoop.java      (3-6)
2  public class DoubleLoop {
3      public static void main(String[] args){
4          for( int i=1; i<10; i++){
5              for( int j=1; j<10; j++) System.out.printf("%3d",i*j);
6              System.out.println();
7          }
8      }
9  }
```

実行結果

```
  1   2   3   4   5   6   7   8   9
  2   4   6   8  10  12  14  16  18
  3   6   9  12  15  18  21  24  27
  4   8  12  16  20  24  28  32  36
  5  10  15  20  25  30  35  40  45
  6  12  18  24  30  36  42  48  54
  7  14  21  28  35  42  49  56  63
  8  16  24  32  40  48  56  64  72
  9  18  27  36  45  54  63  72  81
```

(2) 2重ループ（外部ループのインデックスを内部ループで使用）

2重ループにおいて，外部ループのインデックスを内部ループで使用する例として，プログラム 3.7 に文字 "O" で直角三角形を表示するプログラムを示す。外側のループインデックスを i，内側のループインデックスを j としている。

```
プログラム 3.7   2重ループ（外部インデックスを内部ループで使用）（DoubleLoop2.java）
1   // DoubleLoop2.java      (3-7)
2   public class DoubleLoop2 {
3       public static void main(String[] args){
4           int n = 10;
5           for( int i=1; i<=n; i++){
6               for( int j=1; j<i; j++) System.out.print("O");
7               System.out.println();
8           }
9       }
10  }
```

実行結果

```
O
OO
OOO
OOOO
OOOOO
OOOOOO
OOOOOOO
OOOOOOOO
OOOOOOOOO
```

(3) 行列計算

科学技術計算では，行列（matrix）を扱う場合が多い。ここでは，行列計算のプログラムを示す。**プログラム 3.8** に Matrix クラスを，**プログラム 3.9** にその動作テストのプログラムを示す。ここでは，以下の行列とベクトルを用いる。

$$A = \begin{pmatrix} 1 & 2 & 3 \\ 4 & 5 & 6 \\ 7 & 8 & 9 \end{pmatrix}, \quad B = \begin{pmatrix} 1 & 2 & 3 \\ 4 & 5 & 6 \\ 7 & 8 & 9 \end{pmatrix}, \quad x = \begin{pmatrix} 1 \\ 2 \\ 3 \end{pmatrix}, \quad y = \begin{pmatrix} 4 \\ 5 \\ 6 \end{pmatrix}$$

プログラム 3.8 行列計算（Matrix.java）

```java
// Matrix.java    (3-8)
public class Matrix{
    public static double[][] identity(int n){
        double[][] a = new double[n][n];
        for(int i=0; i<n; i++) a[i][i]=1.0;
        return a;
    }
    public static double dot(double[] x, double[] y ){
        int n = x.length;
        int m = y.length;
        if( n != m)
            throw new RuntimeException("Illiegal vectore diimension.");
        double sum = 0.0;
        for(int i=0; i<n; i++) sum += x[i]*y[i];
        return sum;
    }
    public static double[][] transpose(double[][] A){ // A[n][m]
        int n = A.length; // row
        int m = A[0].length; // colomn
        double[][] B = new double[m][n];  // B[m][n]
        for(int i=0; i<m; i++)
            for(int j=0; j<n; j++) B[j][i]=A[i][j];
        return B;
    }
    public static double[][] add(double[][] A, double[][] B){
        int n = A.length; // row
        int m = A[0].length; // colomn
        double[][] C = new double[n][m]; // C[n][m]
        for(int i=0; i<n; i++)
            for(int j=0; j<m; j++)  C[i][j] = A[i][j] + B[i][j];
        return C;
    }
    public static double[][] sub(double[][] A, double[][] B){
```

```java
        int n = A.length; // row
        int m = A[0].length; // colomn
        double[][] C = new double[n][m]; // C[n][m]
        for(int i=0; i<n; i++)
            for(int j=0; j<m; j++)  C[i][j] = A[i][j] - B[i][j];
        return C;
    }
    public static double[][] multi(double[][] A, double[][] B){
        int n1 = A.length;      // A[n1][m1]
        int m1 = A[0].length;
        int n2 = B.length;      // B[n2][m2]
        int m2 = B[0].length;
        if( m1 != n2 )
            throw new RuntimeException("Illiegal matrix diimension.");
        double[][] C = new double[n1][m2]; // C[n1][m2]
        for(int i=0; i<n1; i++)
            for(int j=0; j<m1; j++)
                for(int k=0; k<n2; k++)
                    C[i][j] += A[i][k] * B[k][j];
        return C;
    }
    public static double[] multiply(double[][] A, double[] x){
        int n = A.length;       // A[n][m]
        int m = A[0].length;
        int k = x.length;       // x[k]
        if( n != k ) throw new RuntimeException("Illiegal diimension.");
        double[] y = new double[n]; // y[n]
        for(int i=0; i<n; i++)
            for(int j=0; j<m; j++)
                y[i] += A[i][j] * x[j];
        return y;
    }
    public static void print_matrix(double[][] A){
        int n = A.length;    // row
        int m = A[0].length; // colomn
        for(int i=0; i<n; i++){
            for(int j=0; j<m; j++){ System.out.print(A[i][j]+" ");}
            System.out.println();
        }
    }
    public static void print_vector(double[] x){
        int n = x.length;
        for(int i=0; i<n; i++) System.out.print(x[i]+"  ");
        System.out.println();
    }
}
```

3.5 関連プログラム

プログラム 3.9 行列計算のテスト（MatrixApp.java）

```java
// MatrixApp.java      (3-9)
public class MatrixApp{
    public static void main(String[] args){
        Matrix mat = new Matrix();
        System.out.println("--- Identity Matrix ---");
        double[][] I = mat.identity(3);   mat.print_matrix(I);
        System.out.println("--- A ---");
        double[][] A = {{1,2,3},{4,5,6},{7,8,9}};   mat.print_matrix(A);
        System.out.println("--- B ---");
        double[][] B = {{1,2,3},{4,5,6},{7,8,9}};   mat.print_matrix(B);
        System.out.println("--- C = A + B ---");
        double[][] C =mat.add(A,B);   mat.print_matrix(C);
        System.out.println("--- C = A * B ---");
        C =mat.multi(A,B);   mat.print_matrix(C);
        double[] x = {1,2,3};
        double[] y = {4,5,6};
        System.out.println("--- x ---");   mat.print_vector(x);
        System.out.println("--- y ---");   mat.print_vector(y);
        System.out.println("--- x^Ty ---");   System.out.println(mat.dot(x,y));
    }
}
```

実行結果

```
--- Identify Matrix ---
1.0   0.0   0.0
0.0   1.0   0.0
0.0   0.0   1.0
--- A ---
1.0   2.0   3.0
4.0   5.0   6.0
7.0   8.0   9.0
--- B ---
1.0   2.0   3.0
4.0   5.0   6.0
7.0   8.0   9.0
--- C = A + B ---
2.0   4.0   6.0
8.0   10.0  12.0
14.0  16.0  18.0
--- C = A * B ---
30.0   36.0   42.0
66.0   81.0   96.0
102.0  126.0  150.0
--- x ---
1.0   2.0   3.0
--- y ---
4.0   5.0   6.0
--- x^Ty ---
32.0
```

そして，プログラム 3.9 のテストプログラムは，下記の行列の和（matrix addition）と行列の積（matrix multiplication），およびベクトルの内積（dot product）を示している。

$$A + B = \begin{pmatrix} 2 & 4 & 6 \\ 8 & 10 & 12 \\ 14 & 16 & 18 \end{pmatrix}, A \times B = \begin{pmatrix} 30 & 36 & 42 \\ 66 & 81 & 96 \\ 102 & 126 & 150 \end{pmatrix}, x^T y = (1 \quad 2 \quad 3)\begin{pmatrix} 4 \\ 5 \\ 6 \end{pmatrix} = 32$$

(4) 連立方程式の解

(a) ガウスの消去法　　連立一次方程式は，変数の数と方程式の本数が一致すれば解くことができる。連立一次方程式の解法の一つとして，**ガウスの消去法**（gauss elimination）がある。n 元連立方程式の解が $x_1 = c_1, x_2 = c_2, \cdots, x_n = c_n$ だとすると，これはつぎの連立方程式と同じである。

$$\begin{cases} 1 \cdot x_1 + 0 \cdot x_2 + \cdots + 0 \cdot x_n = c_1 \\ 0 \cdot x_1 + 1 \cdot x_2 + \cdots + 0 \cdot x_n = c_2 \\ \quad\quad\quad\quad \vdots \\ 0 \cdot x_1 + 0 \cdot x_2 + \cdots + 1 \cdot x_n = c_n \end{cases}$$

与えられた方程式からこの形式を導くためには，対角成分に注目して左上から式を加減していけばよい。つまり

$$\begin{cases} 1 \cdot x_1 + m_{12} \cdot x_2 + \cdots + m_{1n} \cdot x_n = c'_1 \\ 0 \cdot x_1 + 1 \cdot x_2 + \cdots + m_{2n} \cdot x_n = c'_2 \\ \quad\quad\quad\quad \vdots \\ 0 \cdot x_1 + 0 \cdot x_2 + \cdots + 1 \cdot x_n = c_n \end{cases}$$

となった時点で，下から順に値を代入することですべての解を確定できる。これがガウスの消去法である。

(b) 解法の例　　つぎのような線形方程式系の解を求めることを考える。

$$\begin{cases} 2x_1 + 4x_2 + 2x_3 = 8 \\ 4x_1 + 10x_2 + 3x_3 = 17 \\ 3x_1 + 7x_2 + x_3 = 11 \end{cases}$$

・**前進消去**（forward substitution）　　1 番目の方程式を 1/2 倍する。

$$\begin{cases} x_1 + 2x_2 + x_3 = 4 \\ 4x_1 + 10x_2 + 3x_3 = 17 \\ 3x_1 + 7x_2 + x_3 = 11 \end{cases}$$

2番目の方程式に1番目の方程式の-4倍を加える。3番目の方程式に1番目の方程式の-3倍を加える。

$$\begin{cases} x_1 + 2x_2 + x_3 = 4 \\ 2x_2 - x_3 = 1 \\ x_2 - 2x_3 = -1 \end{cases}$$

2番目の方程式を$1/2$倍する。

$$\begin{cases} x_1 + 2x_2 + x_3 = 4 \\ x_2 - \dfrac{1}{2}x_3 = \dfrac{1}{2} \\ x_2 - 2x_3 = -1 \end{cases}$$

3番目の方程式に2番目の方程式の-1倍を加える。

$$\begin{cases} x_1 + 2x_2 + x_3 = 4 \\ x_2 - \dfrac{1}{2}x_3 = \dfrac{1}{2} \\ -\dfrac{3}{2}x_3 = -\dfrac{3}{2} \end{cases}$$

3番目の方程式を$-2/3$倍する。

$$\begin{cases} x_1 + 2x_2 + x_3 = 4 \\ x_2 - \dfrac{1}{2}x_3 = \dfrac{1}{2} \\ x_3 = 1 \end{cases}$$

・**後退代入**（backward substitution）　　前進消去で求めた式に，$x_3 = 1$を2番目の方程式に代入する。

$$\begin{cases} x_1 + 2x_2 + x_3 = 4 \\ x_2 = 1 \\ x_3 = 1 \end{cases}$$

$x_2 = 1$と$x_3 = 1$を1番目の方程式に代入する。

$$\begin{cases} x_1 = 1 \\ x_2 = 1 \\ x_3 = 1 \end{cases}$$

これで解が求まったことになる。このように，ガウスの消去法は前進消去と後退代入の2段階で解くアルゴリズムである。

(c) 実 装　プログラム 3.10 にガウスの消去法のクラスを示し，プログラム 3.11 にそのテストプログラムを示す。ここで，A[p][p] が 0 に近い場合は，A[p][p] の割り算で数値計算上の不都合が生じる。この対策のため，その時の最大の対角要素をもつ行と入れ替えることが行われる。この方法は，部分ピボット選択として知られている。プログラム 3.10 のコメントをはずすと，部分ピボット選択を用いたガウスの消去法になる。

プログラム 3.10　ガウスの消去法（GaussElim.java）

```java
 1  // GaussElim.java   (3-10)
 2  public class GaussElim {
 3      public static double[] lsolve(double[][] A, double[] b) {
 4          int n = b.length;
 5          for (int p=0; p<n; p++) {
 6              // (partial pivoting)
 7              //int max = p;
 8              //for (int i=p+1; i<n; i++)
 9              //    if (Math.abs(A[i][p]) > Math.abs(A[max][p])) max = i;
10              //double[] temp = A[p]; A[p] = A[max]; A[max] = temp;
11              //double    t    = b[p]; b[p] = b[max]; b[max] = t;
12  
13              for (int i=p+1; i<n; i++) {
14                  double alpha = A[i][p] / A[p][p];
15                  b[i] -= alpha * b[p];
16                  for (int j=p; j<n; j++) A[i][j] -= alpha * A[p][j];
17              }
18          }
19  
20          double[] x = new double[n];
21          for (int i=n-1; i>=0; i--) {
22              double sum = 0.0;
23              for (int j=i+1; j<n; j++) sum += A[i][j] * x[j];
24              x[i] = (b[i] - sum) / A[i][i];
25          }
26          return x;
27      }
28  }
```

プログラム 3.11　ガウスの消去法のテスト（GaussElimApp.java）

```java
1   // GaussElimApp.java      (3-11)
2   public class GaussElimApp {
3       public static void main(String[] args) {
4           GaussElim ge = new GaussElim();
5           double[][] A = { { 2, 4, 2 },{ 4, 10, 3 },{ 3, 7, 1 } };
6           double[] b = { 8, 17, 11 };
7           int n = A.length;     // row
8           int m = A[0].length;  // colomn
9           System.out.println("--- A -----------");
10          for(int i=0; i<n; i++){
11              System.out.print("|");
12              for(int j=0; j<m; j++)System.out.print(A[i][j]+" ");
13              System.out.println("|");
14          }
15          System.out.println("--- b -----------");
16          for(int i=0; i<m; i++) System.out.print(b[i]+" ");
17          System.out.println();
18          double[] x = ge.lsolve(A, b);
19          System.out.println("--- x -----------");
20          for (int i = 0; i < m; i++) System.out.println(x[i]);
21      }
22  }
```

実行結果

```
--- A -----------
|2.0  4.0  2.0  |
|4.0  10.0 3.0  |
|3.0  7.0  1.0  |
--- b -----------
8.0  17.0  11.0
--- x -----------
1.0
1.0
1.0
```

演習問題

3-1 長さ m，n の文字列をそれぞれ格納した配列 X，Y がある。図は，配列 X に格納した文字列の後ろに，配列 Y に格納した文字列を連結したものを配列 Z に格納するアルゴリズムを表す流れ図である。図中の｜ a ｜，｜ b ｜に入れる処理として，正しいものはどれか。ここで，1文字が1つの配列要素に格納されるものとする。

	a	b
ア	$X(k) \rightarrow Z(k)$	$Y(k) \rightarrow Z(m+k)$
イ	$X(k) \rightarrow Z(k)$	$Y(k) \rightarrow Z(n+k)$
ウ	$Y(k) \rightarrow Z(k)$	$X(k) \rightarrow Z(m+k)$
エ	$Y(k) \rightarrow Z(k)$	$X(k) \rightarrow Z(n+k)$

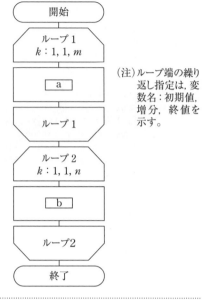

3-2 整数値からなる n 個（ただし，$n \geq 2$）のデータが，配列 T に格納されている．つぎの流れ図は，それらのデータを交換法を用いて昇順に整列する処理を示す．流れ図中の a に入れるべき適切な条件はどれか．

　ア　$T(j) < T(j+1)$
　イ　$T(j) < T(j-1)$
　ウ　$T(j) = T(j-1)$
　エ　$T(j) > T(j+1)$
　オ　$T(j) > T(j-1)$

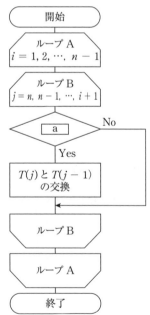

3-3 配列 A が図2の状態のとき,図1の流れ図を実行すると,配列 B が図3の状態になった。図1の a に入れるべき操作はどれか。ここで,配列 A, B の要素をそれぞれ $A(i, j)$, $B(i, j)$ とする。

ア $B(7-i, j) \leftarrow A(i, j)$　　イ $B(7-j, i) \leftarrow A(i, j)$
ウ $B(i, 7-j) \leftarrow A(i, j)$　　エ $B(j, 7-i) \leftarrow A(i, j)$

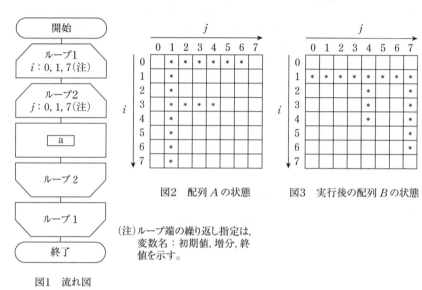

図1 流れ図　　図2 配列 A の状態　　図3 実行後の配列 B の状態

(注)ループ端の繰返し指定は,変数名:初期値,増分,終値を示す。

第4章 再帰

複雑な問題を解く技法の1つとして**分割統治法**（divide and conquer method）がある。分割統治法は，そのままでは解決できない大きな問題を小さな問題に分割し，そのすべてを解決することで，最終的に最初の問題全体を解決する方法である。分割統治法で問題を解こうとする場合に，本章で扱う**再帰**（recursive）の考え方が必要になる。

本章では，再帰について説明し，例題として階乗，ユークリッドの互除法，ハノイの塔について説明する。

4.1 再帰とは

再帰とは，「自分で自分を呼び出す」ことである。Javaでは，メソッドの中で，そのメソッドへの参照が含まれる構造のことである。また，ある x の定義に x 自身を用いることを再帰と呼び，そのような定義を**再帰的定義**（recursive definition）という。

例えば，n の階乗（$n!$）は，次式のように定義される。左辺の「n の階乗」を右辺の「$(n-1)$ の階乗」で定義している。これが再帰的定義である。

```
n! = n × (n-1)!
```

再帰の利用により，プログラムを簡潔に記述することができるが，再帰を使わないほうが高速なプログラムになる場合もあるので，利用時には注意を要する。

再帰を実装する場合には，以下の点に注意が必要である。

・再帰は，終了条件をもたなければならない。
・再帰は，自分で自分を呼び出しながら，終了条件へ進んでいかなければならない。

4.2 階　乗

(1) アルゴリズム

それでは，階乗（factorial）のアルゴリズムについて説明する。n の階乗 fact(n) の計算について，再帰による方法を説明する。非負の整数 n の階乗は，以下のように定義される。ここで，①は終了条件である。

$$\mathrm{fact}(n) = \begin{cases} 1 & : n = 0 \quad \cdots ① \\ n \times \mathrm{fact}(n-1) & : \mathrm{other} \quad \cdots ② \end{cases}$$

(2) 実　装

プログラム 4.1 に n の階乗を計算するプログラムを示す。このプログラムの動作をトレースすると表 4.1 のようになる。

プログラム 4.1 n の階乗の計算（Factorial.java）

```java
// Factorial.java      (4-1)
public class Factorial{
    public static int fact(int n){      // method
        if( n > 0 ) return n*fact( n-1 );
        else return 1;
    }
    public static void main(String[] args){   // main method
        int n = 3;
        int result = fact( n );
        System.out.println("Factrial of " + n + " = "+ result);
    }
}
```

実行結果　Factrial of 3 = 6

表 4.1 fact(3) の再帰呼出し（3 の階乗）

step 1	fact(3) が呼び出されると，$3 \times$ fact(2) が戻される。
step 2	fact(2) が呼び出され，$2 \times$ fact(1) が戻される。
step 3	fact(1) が呼び出され，$1 \times$ fact(0) が戻される。
step 4	fact(0) が呼び出されるが，この場合は終了条件により，1 が戻される。
step 5	fact(1) は，$1 \times$ fact(0) $= 1 \times 1 = 1$ を戻す。
step 6	fact(2) は，$2 \times$ fact(1) $= 2 \times 1 = 2$ を戻す。
step 7	fact(3) は，$3 \times$ fact(2) $= 3 \times 2 = 6$ を戻す。3! $= 6$ が得られ，終了。

4.3 ユークリッドの互除法

(1) アルゴリズム

ユークリッドの互除法（Euclidean algorithm）は，与えられた2つの整数 n, m の**最大公約数**（greatest common divisor）を求める手法である。n を m で割った余りを r とすると，n と m の最大公約数は，m と r の最大公約数に等しいという性質を利用して求められる。すなわち，n と m の最大公約数は，以下のように定義される。ここで，①は終了条件である。

$$\gcd(n, m) = \begin{cases} n & : m = 0 \quad \cdots ① \\ \gcd(m, n\%m) & : \text{other} \quad \cdots ② \end{cases}$$

求める最大公約数を $\gcd(n, m)$，$n > m > 0$ とし，n を m で割った余りを r とする。もし，$r = 0$ であれば，$\gcd(n, m) = m$ である。$r \neq 0$ であれば，n と m を m と r にそれぞれ置き換えて $\gcd(m, r)$ とし，同じ作業を繰り返す。この結果，r が0になったときの除数が n と m の最大公約数となる。

例えば，$n = 928$，$m = 348$ の最大公約数を求めてみると，表4.2 のように計算できる。したがって，$\gcd(928, 348) = 116$ が得られる。

表 4.2 gcd(928, 348) の再帰呼出し（928 と 348 の最大公約数）

gcd(928, 348)	928 / 348 = 2　余り 232 (928 = 2 × 348 + 232)
gcd(348, 232)	348 / 232 = 1　余り 116 (348 = 1 × 232 + 116)
gcd(232, 116)	232 / 116 = 2　余り 0 (232 = 2 × 116 + 0)
gcd(116, 0)	116

(2) 実　装

問題を実装したプログラムをプログラム4.2 に示す。

プログラム 4.2 nとmの最大公約数（EuclidApp.java）

```java
// EuclidApp.java      (4-2)
public class EuclidApp {
    public static int gcd(int n, int m){        // method
        if( m == 0 ) return n;
        else return gcd(m, n % m );
```

```
6      }
7      public static void main(String[] args){    // main method
8          int n = 928; int m = 348;
9          int result = gcd( n, m );
10         System.out.println(
11             "Greatest common division of " + n + " = "+ result);
12     }
13 }
```

実行結果 ・・ Greatest common division of 928 = 116

4.4 ハノイの塔

(1) アルゴリズム

ハノイの塔（tower of Hanoi）は，小さい円盤が上になるように重ねられた n 枚の円盤を，3本の柱間で移動する問題である．すべての円盤の大きさは異なっていて，最初は，第1軸上に重ねられており，すべての円盤を第3軸に移動する問題である．ここで，移動は1枚ずつであり，より大きい円盤を上に重ねることができないという制約がある．

この問題は，再帰的な分割統治法によって解くことができる．すなわち，まず，n 枚の円盤の移動問題を $(n-1)$ 枚と1枚の円盤の移動問題に分割し，さらに，その $(n-1)$ 枚の円盤の移動問題を $(n-2)$ 枚と1枚の円盤の移動問題に再分割するというように，順次，小さな問題に分割して求めていく．

ハノイの塔の円盤の移動は，以下のように定義される．ここで，①は終了条件，n は円盤の枚数，o は開始軸（origin），i は中間軸（inner），d は目的軸（destination）である．

$$\text{move}(n, o, i, d) = \begin{cases} "\text{Disk}(n)\,\text{from}\,(o)\,\text{to}\,(d)" & :n=1 \quad \cdots ① \\ \text{move}(n-1, o, d, i) & :\text{other} \quad \cdots ② \\ "\text{Disk}(n-1)\,\text{from}\,(o)\,\text{to}\,(i)" & \\ \text{move}(n-1, i, o, d) & \end{cases}$$

図4.1は，$n=3$ の場合の解法であり，7手順で完了となる．この過程を図4.2に示す．一番大きい円盤とその上にのっている $(n-1)$ 枚の円盤に分割し，$(n$

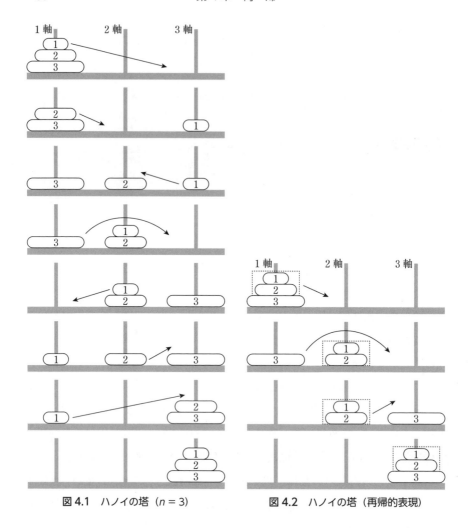

図 4.1　ハノイの塔 ($n = 3$)　　図 4.2　ハノイの塔（再帰的表現）

− 1) 枚の円盤をグループとして考え，第 2 軸に移動する。そして，一番大きい円盤を目的の第 3 軸に移動後，$(n - 1)$ 枚の円盤を第 3 軸に移動すればよい。このn 枚の円盤の移動問題は，以下のように再帰的に記述できる。

1　底の円盤を除いたグループ $(n - 1)$ 枚の円盤を，開始軸（origin）から目的軸（destination）を用いて，中間軸（inter）に移動する。

2　底の円盤の番号を，開始軸（origin）から目的軸（destination）へ移動

させた旨を表示する。

3　底の円盤を除いたグループ ($n - 1$) 枚の円盤を，中間軸（inter）から開始軸（origin）を用いて，目的軸（destination）に移動する。

ここで，1と3には**再帰的呼出し**（recursive call）が用いられる。

(2) 実　装

プログラム 4.3 にプログラムと実行結果を示す。move( ) メソッドは，4つの引数をもっている。第1引数は円盤の数，第2引数は開始軸（origin），第3引数は中間軸（inter），第4引数は目的軸（destination）である。すなわち，move(3, '1', '2', '3') は，「3枚の円盤を第1軸から第2軸を用いて第3軸に移動させる」メソッドであることを示している。

プログラム 4.3　ハノイの塔（HanoiApp.java）

```
 1  // HanoiApp.java      (4-3)
 2  public class HanoiApp {
 3      public static void move(int n, char orign, char inter, char dest ){
 4          if( n == 1 ) System.out.println("Disk [1] orign "+from+" to "+ dest);
 5          else {
 6              move( n - 1, orign, dest, inter);
 7              System.out.println("Disk ["+n+"] from "+ orign +" to "+ dest);
 8              move( n - 1, inter, orign, dest);
 9          }
10      }
11      public static void main(String[] args){
12          int n = 3; move( n, '1', '2', '3' );
13      }
14  }
```

実行結果
```
Disk [1] from 1 to 3
Disk [2] from 1 to 2
Disk [1] from 3 to 2
Disk [3] from 1 to 3
Disk [1] from 2 to 1
Disk [2] from 2 to 3
Disk [1] from 1 to 3
```

4.5　関連プログラム

(1) フィボナッチ数列

フィボナッチ数列（Fibonacci numbers）は，イタリアの数学者 L. Fibonacci

により出版された書籍の中の「ウサギの出生率に関する数学的解法」で使用された数列である。ここでは，以下の問題が考察された。

> ・1つのペアのウサギは，産まれて2ヶ月目から毎月1つのペアのウサギを産む。
> ・1つのペアのウサギは，1年間の間に何ペアのウサギになるのか？ただし，どのウサギも死なないものとする。

この問題のウサギのペア数の変化を表 4.3 に示す。

表 4.3 ウサギのペア数の変化

月数	産まれたばかりのペア数	生後1か月のペア数	生後2か月以降のペア数（親）	合計ペア数
0	1	0	0	1
1	0	1	0	1
2	1	0	1	2
3	1	1	1	3
4	2	1	2	5
5	3	2	3	8
6	5	3	5	13
...	...	...	...	...
11	55	34	55	144

表のペア数の合計に得られる数列 {1, 1, 2, 3, 5, 8, 13, 21, 34, 55, 89, 144, ...} をフィボナッチ数列と呼ぶ。この数列は，ヒマワリの種の配置のように自然界に多く見られる興味深い数列であることが知られている。

$$\mathrm{fib}(n) = \begin{cases} 1 & : n = 0 \\ 1 & : n = 1 \\ \mathrm{fib}(n-2) + \mathrm{fib}(n-1) & : n \geq 2 \end{cases}$$

以下では，3つの方法で，フィボナッチ数列を作成し，その処理時間を測定する。

(2) フィボナッチ数列の作成（for 文）

プログラム 4.4 に for 文を用いたプログラムを示す。

プログラム 4.4　フィボナッチ数列の作成（for 文，Fibonacci_for.java）

```java
// Fibonacci_for.java      (4-4)
public class Fibonacci_for {
    public static int[] fib(int n){
        int[] fibSum = new int[n];
        for( int i=0; i<n; i++ ){
            if( i == 0 ){ fibSum[i] = 1; continue; }
            if( i == 1 ){ fibSum[i] = 1; continue; }
            fibSum[i] = fibSum[i-2] + fibSum[i-1];
        }
        return fibSum;
    }
    public static void main(String[] args){
        int n = 12;
        System.out.println("n = "+n );
        int[] fibSeries = fib( n );
        for( int i=0; i<fibSeries.length; i++)
            System.out.print(" "+ fibSeries[i]+ "   ");
        System.out.println();
        int ite = 1000000;    // 10^6  (one million)
        long st = System.nanoTime();
        for(int i=0; i<ite; i++) fibSeries = fib( n );
        long en = System.nanoTime();
        System.out.println("For loop (1 million times): "+(en-st)/1000000+ " (msec)");
    }
}
```

実行結果
```
n = 12
    1   1   2   3   5   8   13   21   34   55   89   144
For loop (1 million times): 45 (msec)
```

(3) フィボナッチ数列の作成（再帰）

プログラム 4.5 に再帰を用いたプログラムを示す。

プログラム 4.5　フィボナッチ数列の作成（再帰，Fibonacci_rec.java）

```java
//  Fibonacci_rec.java      (4-5)
public class Fibonacci_rec {
    public static int max;
    public static int[] fibSeries;
    public static int fibRec(int n){
        if( n == 0 ){
            fibSeries[n]=1; return 1;
        }else if( n == 1 ){
            fibSeries[n]=1; return 1;
        }else{
            int k = fibRec(n-2) + fibRec(n-1);
            if( n<max)fibSeries[n]=k;
```

```
13            return k;
14        }
15    }
16    public static void main(String[] args){
17        int n = 12;
18        System.out.println("n = "+n );
19        fibSeries = new int[n];
20        max = n;
21        fibRec( n );
22        for( int i=0; i<fibSeries.length; i++)
23            System.out.print("  "+ fibSeries[i]+ "  ");
24        System.out.println();
25        int ite = 1000000;      // 10^6   (one million)
26        long st = System.nanoTime();
27        for(int i=0; i<ite; i++) fibRec( n );
28        long en = System.nanoTime();
29        System.out.println(" Recursion (1 million times): "+(en-st)/ite+ " (msec)");
30    }
31 }
```

実行結果

```
n = 12
  1  1  2  3  5  8  13  21  34  55  89  144
Recursion (1 million times): 1764 (msec)
```

(4) フィボナッチ数列の作成（メモ化）

プログラム 4.6 にメモ化（memorization）を用いたプログラムを示す。プログラムに示すように，フィールド変数の fibMemo[ ] にメモされた値を利用することにより高速化を図っている。fibMemo[ ] の値が 0 でなければ，すでにその答えが得られていることを意味する。これは，同一の答えとなる再帰計算を排除するための工夫である。

プログラム 4.6 フィボナッチ数列の作成（メモ化，Fibonacci_memo.java）

```
1  //  Fibonacci_memo.java       (4-6)
2  public class Fibonacci_memo {
3      public static int[] fibMemo;
4      public static int fibByRecMemo( int n ){
5          if( n == 0 ){ fibMemo[n] =1; return 1;}
6          if( n == 1 ){ fibMemo[n] =1; return 1;}
7          if( fibMemo[n] == 0 ){
8              fibMemo[n] = fibByRecMemo(n-2)+ fibByRecMemo(n-1);
9              return fibMemo[n];
10         }else{
11             return fibMemo[n];
12         }
```

```
13        }
14        public static void main(String[] args){
15            int n = 12;
16            System.out.println("n = "+n );
17
18            fibMemo = new int[n];
19            fibByRecMemo( n-1 );
20
21            for( int i=0; i<fibMemo.length; i++)
22                System.out.print("  "+ fibMemo[i]+ "  ");
23            System.out.println();
24            int ite = 1000000;      // 10^6   (one million)
25            long st = System.nanoTime();
26            for(int i=0; i<ite; i++) fibByRecMemo(n-1);;
27            long en = System.nanoTime();
28            System.out.println("Memoization (1 million times): "+(en-st)/ite+ " (msec)");
29        }
30 }
```

実行結果

```
n = 12
 1  1  2  3  5  8  13  21  34  55  89  144
Memoization (1 million times): 5 (msec)
```

表4.4に3つの方式の処理時間の比較を示す。表に示すように，再帰を用いた方法はfor文の39.2倍の処理時間となっている。しかし，メモ化を用いることによって，0.1倍の処理時間まで高速化が図れた結果となっている。

この例のように，実用的な問題において，再帰をそのまま用いると処理時間が大きくなる場合があるので注意が必要である。

表4.4 フィボナッチ数列の作成の処理時間（100万回実行）

方　式	処理時間〔msec〕	処理時間〔%〕
for文	45	100
再　帰	1764	3920
メモ化	5	11

演習問題

4-1 整数 x, y $(x > y \geq 0)$ に対して，つぎのように定義された関数 $F(x, y)$ がある。$F(231, 15)$ の値はいくらか。ここで，$x \bmod y$ は x を y で割った余りである。

$$F(x, y) = \begin{cases} x & (y = 0のとき) \\ F(y, x \bmod y) & (y > 0のとき) \end{cases}$$

　ア　2　　　　イ　3　　　　ウ　5　　　　エ　7

4-2 つぎの関数 $f(n, k)$ がある。$f(4, 2)$ の値はいくらか。

$$f(n, k) = \begin{cases} 1 & (k = 0 \text{ のとき}) \\ f(n-1, k-1) + f(n-1, k) & (0 < k < n \text{ のとき}) \\ 1 & (k = n \text{ のとき}) \end{cases}$$

ア 3　　イ 4　　ウ 5　　エ 6

4-3 非負の整数 n に対してつぎのとおりに定義された関数 $F(n)$, $G(n)$ がある。$F(5)$ の値はいくらか。

$F(n)$: if $n \leq 1$ then return 1 else return $n \times G(n-1)$

$G(n)$: if $n = 0$ then return 0 else return $n + F(n-1)$

ア 50　　イ 65　　ウ 100　　エ 120

4-4 再帰的プログラムの特徴として，最も適切なものはどれか。

ア 一度実行した後，ロードし直さずに再び実行を繰り返しても，正しい結果が得られる。

イ 実行中に自分自身を呼び出すことができる。

ウ 主記憶上のどこのアドレスに配置しても，実行することができる。

エ 同時に複数のタスクが共有して実行しても，正しい結果が得られる。

4-5 問題をいくつかのたがいに重ならない部分問題に分け，それぞれの解を得ることによって全体の解を求めようとする問題解決の方法はどれか。

ア オブジェクト指向　　イ 再帰呼出し

ウ 2分探索法　　エ 分割統治法

4-6 n の階乗を再帰的に計算する $F(n)$ の定義において，[a] に入れるべき式はどれか。ここで，n は非負の整数である。

$n > 0$ のとき，$F(n) =$ [a]

$n = 0$ のとき，$F(n) = 1$

ア $n + F(n-1)$　　イ $n - 1 + F(n)$

ウ $n \times F(n-1)$　　エ $(n-1) \times F(n)$

第5章 連結リスト

複数のデータを扱うデータ構造として，配列と同様に**連結リスト**（linked list）がある。配列の要素は，連続したメモリ上に配置されるが，連結リストの要素は，必要とされるときにヒープと呼ばれるメモリ領域に確保されるため，その要素はメモリ上に整然と並んでいるとは限らない。配列は，インデックスで管理されるため，指定インデックスに対して要素を挿入したり，削除したりすると，後続の要素を移動させる必要がある。これが，配列の欠点であるが，その欠点に対処するためのデータ構造が，連結リストである。

本章では，連結リスト，単方向リスト，双方向リスト，循環リスト，双方向循環リストについて説明する。

5.1 連結リストとは

・配列の問題点

複数のデータを扱う場合に用いられる配列は，最初にサイズを指定する必要があった。したがって，取り扱うデータのサイズが不明，または予測できない場合は以下の問題がある。

・サイズが小さければ，データが入りきらない。

・サイズが大きすぎれば，メモリが無駄になる。

また，配列の途中にデータを挿入しようとすると，挿入するインデックス以降の要素をすべて後方へずらす必要がある。この作業時間は，配列の大きさに比例するため，大きなサイズの配列では問題となる。この後方へのコピーのような問題を解決するのに，連結リストは適したデータ構造である。連結リストは，**線形リスト**（linear list）とも呼ばれる。連結リストには，単方向リスト，双方向リスト，循環リスト，双方向循環リストなどの種類がある。

5.2 単方向リスト

(1) 単方向リストとは

単方向リスト（one-way linked list）は，図 5.1(a) に示すように各要素が「データ」と「つぎのデータへの参照」が格納されている。先頭と末尾に位置する要素は，それぞれ**先頭ノード**（head node）と**末尾ノード**（tail node）と呼ばれる。各ノードにおいて，1つ前のノードを**先行ノード**（predecessor node），1つ後のノードを**後続ノード**（successor node）と呼ぶ。末尾の要素では，つぎへの参照に null が入っている。

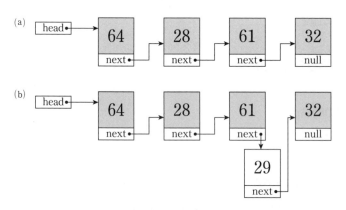

図 5.1 連結リスト

図 (b) は，新しいデータ（29）を挿入する様子を示している。データの挿入は，図に示すように参照先を変更するのみで実現できるので，配列のようなデータの移動は不要である。

それでは，連結リストを用いて図 5.1 を実現するプログラムを作成する。まず最初に，整数型の連結リストを構成する Node クラスを作成する（あとで，任意のデータ型や参照型が扱えるように拡張する）。図 5.2 がノードの構成図とクラス記述である。図に示すように，フィールド変数は int 型の data と自己と同じ Node クラスのインスタンスへの参照を保有している。このようなク

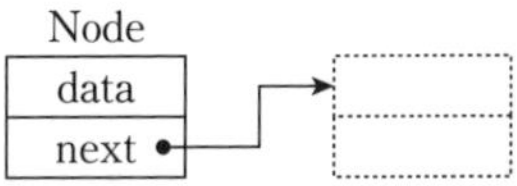

5.2 単方向リスト

```
class Node{
    public  int   data;
    public  Node  next;

    Node(int data, Node next){
        this.data = data;
        this.next = next;
    }
    public  void  displayNode( ){
        System.out.print("{ "+data+ " } -> ");
    }
}
```

Node
data
next

図 5.2 ノードの構成図とクラス記述

ラス構造は，**自己参照**（self-referential）型と呼ばれる。また，Nodeクラスには，dataの内容を表示するdisplayNode( )メソッドを実装している。

(2) 実　装

つぎに，Nodeクラスを要素とする連結リストクラスとして，One_wayLinkedListクラスを作成する。連結リストの実装において，重要な役割を果たすのがNodeクラスの変数であるheadノードへの参照である。One_wayLinkedListクラスには，フィールド変数として，先頭ノードへの参照を保有している。そして，コンストラクタでは，headを"null"としている。これは，まだ連結リストが空であることを示す。ノードの追加メソッドとして，addFirst( )とaddLast( )，およびadd( )の3種類を準備した。addFirst( )メソッドは，指定したデータを先頭ノードに追加する。addLast( )メソッドは，指定したデータを末尾ノードに追加する。また，連結リストの内容の表示のために，displayList( )メソッドを準備した。なお，displayList( )メソッドでは，headからnextで参照しているノードをたどり，nextが"null"になるまで（末尾ノードに達するまで），そのNodeクラスのdisplayNode( )メソッドを用いてdataを表示させている。プログラム5.1にそのプログラムと実行結果を示す。

プログラム 5.1 単方向リスト（One_wayLinkedList.java）

```
1  // One_wayLinkedList.java    (5-1)
2  class Node{
3      public int data;
```

```
4       public Node next;
5       Node(int data, Node next){ this.data = data; this.next = next;}
6       public void displayNode(){System.out.print("{ "+data+ " } -> ");}
7   }
8   public class One_wayLinkedList {
9       public Node head;
10      public One_wayLinkedList(){ head = null;}
11      public void addFirst(int data){ head = new Node(data, head );}
12      public void addLast(int data){
13          if( head == null) addFirst(data);
14          else{
15              Node tmp = head;
16              while( tmp.next != null) tmp=tmp.next;
17              tmp.next = new Node( data, null);
18          }
19      }
20      public int add(int pos, int data){
21          if( head == null ) return(-1);
22          Node tmp = head;
23          for(int i=0; i<pos; i++) tmp = tmp.next;
24          if(tmp != null) tmp.next = new Node(data, tmp.next);
25          return (0);
26      }
27      public void displayList(){
28          System.out.print(" (first -> last): ");
29          Node cur = head;
30          while( cur != null ){cur.displayNode(); cur = cur.next;}
31          System.out.println(" ");
32      }
33      public static void main( String[ ] args) {    // main method
34          One_wayLinkedList   list = new One_wayLinkedList ( );
35          list.addLast( 64 ); list.addLast( 28 );
36          list.addLast( 61 ); list.addLast( 32 );
37          list.displayList( ); // display
38          list.add( 2, 29 );       // add data to pos=2
39          list.displayList();      // display
40      }
41  }
```

実行結果
```
(first -> last): { 64 } -> { 28 } -> { 61 } -> { 32 } ->
(first -> last): { 64 } -> { 28 } -> { 61 } -> { 29 } -> { 32 } ->
```

(3) 単方向リストクラスの一般化

上述の連結リストのプログラムは，扱うデータがint型に限定されていた。このプログラムをジェネリックスの技法を用いて，一般のデータが扱えるように改造したものが，プログラム5.2（LinkedListGenericsクラス）である。

5.2 単方向リスト

プログラム 5.3 にテストプログラムを示す．main メソッドに示したように，LinkedListGenerics クラスのインスタンス化の時点で，利用するデータ型を < Integer > や < String > で指定をしている．このようにして，汎用的な利用ができるクラスとなる．

プログラム 5.2 単方向リスト（ジェネリクス）(LinkedListGenerics.java)

```java
// LinkedListGenerics.java      (5-2)
class Node<E>{
    public  E  data;
    public Node<E>  next;
    Node(E data, Node<E> next){ this.data = data; this.next = next;}
    public  void  displayNode( ){System.out.print( "{ "+data+" } -> " );}
}
public  class  LinkedListGenerics <E>  {
    private Node<E>  head;
    public LinkedListGenerics( ) { head = null; }
    public  void  addFirst( E data ){head = new  Node<>(data, head );}
    public void addLast( E data ){
        if( head == null ) addFirst( data ) ;
        else{
            Node<E>  tmp = head;
            while( tmp.next != null) tmp = tmp.next;
            tmp.next = new Node<>( data, null);
        }
    }
    public  int  add( int  pos,  E  data ){
        if( head == null ) return(-1);
        if( pos == 0 ){ addFirst(data); return(0); }
        Node  tmp = head;
        for( int i=0;  i<pos-1;  i++ ) tmp = tmp.next;
        if( tmp != null ) tmp.next = new Node<>(data, tmp.next);
        return (0);
    }
    public  void  displayList( ){
        System.out.print("(first -> last): ");
        Node<E>  cur = head;
        while( cur != null ){ cur.displayNode(); cur = cur.next; }
        System.out.println("  ");
    }
}
```

プログラム 5.3 単方向リストのテスト (LinkedListGenericsApp.java)

```java
// LinkedListGenericsApp.java      (5-3)
public class LinkedListGenericsApp {
```

```
3      public static void main( String[ ] args ){
4          LinkedListGenerics<Integer>
5              list = new LinkedListGenerics<>();    //====( Integer ) ====
6          list.addLast(64);      list.addLast(28);
7          list.addLast(61);      list.addLast(32);
8          list.displayList( );    // display
9          list.add( 3, 29 );      // add data to pos=3
10         list.displayList( );    // display
11         System.out.println( );
12         LinkedListGenerics<String>
13             list2 = new LinkedListGenerics<>();   //====( String ) ====
14         list2.addLast( "T" );    list2.addLast( "C" );
15         list2.addLast( "N" );    list2.addLast( "Y" );
16         list2.displayList() ; // display
17         list2.add (3, "K" );      // add data to pos=3
18         list2.displayList( );   // display
19     }
20 }
```

実行結果

```
(first -> last): { 64 } -> { 28 } -> { 61 } -> { 32 } ->
(first -> last): { 64 } -> { 28 } -> { 61 } -> { 29 } -> { 32 }
->

(first -> last): { T } -> { C } -> { N } -> { Y } ->
(first -> last): { T } -> { C } -> { N } -> { K } -> { Y }
->
```

(4) Java クラスライブラリの利用

連結リストは頻繁に使われるので，Java クラスライブラリが準備されている．プログラム 5.4 は，前述のプログラムを Java クラスライブラリで実装したものである．

プログラム 5.4 単方向リスト（JCL 利用）（LinkedListApp.java）

```
1  // LinkedListApp.java      (5-4)
2  import  java.util.LinkedList;
3  public  class  LinkedListApp{
4      public  static  void  main( String[ ] args ){
5          LinkedList<Integer>  list = new LinkedList<>( );
6          list.add(64);    list.add(28);   list.add(61);   list.add(32);
7          System.out.println("LinkedList : "+list);
8          list.add(3,29);  System.out.println("add(3,29)    : "+list);
9          LinkedList<String> list2 = new LinkedList<>();
10         list2.add("T");   list2.add("C");   list2.add("N");    list2.add("Y");
11         System.out.println("LinkedList : "+list2);
12         list2.add(3,"K"); System.out.println("add(3,¥"K¥")  : "+list2);
```

```
13      }
14  }
```

実行結果
```
LinkedList : [64, 28, 61, 32]
add(3,29)  : [64, 28, 61, 29, 32]
LinkedList : [T, C, N, Y]
add(3,"K") : [T, C, N, K, Y]
```

5.3 双方向リスト

単方向リストの欠点は，先行ノードを見つけるのが困難であるということである。この欠点を克服するのが，**双方向リスト**（doubly linked list）である。双方向リストを図 5.3 に示す。これまで使用してきた Node クラスに，フィールドとして前のデータへの参照を示す prev を追加したものを図 5.4 に示す。このように Node クラスを拡張することにより，着目ノードの前後へのアクセスが可能になる。

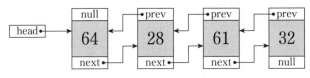

図 5.3　双方向リスト

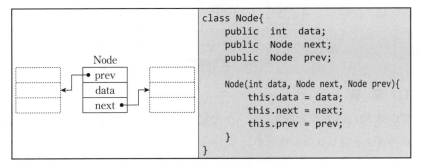

図 5.4　ノードクラスの拡張

5.4 循環リスト

循環リスト（circular linked list）を図 5.5 に示す。これは，単方向リストの末尾ノードの next に先頭ノードへの参照を入れたものである。

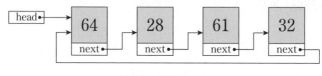

図 5.5　循環リスト

5.5 双方向循環リスト

（1）双方向循環リストとは

双方向循環リスト（doubly-linked circular-linked list）を図 5.6 に示す。これは，双方向リストの先頭ノードの prev に末尾ノードへの参照を，末尾ノードの next に先頭ノードへの参照を入れたものである。

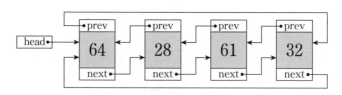

図 5.6　双方向循環リスト

（2）実　装

プログラム 5.5 に双方向循環リストを実現するプログラムを，プログラム 5.6 にそのテストプログラムを示す。

5.5 双方向循環リスト

プログラム 5.5　双方向循環リスト（DoubleList.java）

```java
1   // DoubleList.java        (5-5)
2   import java.util.*;
3   class Node<E>{
4       public E   data;
5       public Node<E>   prev;
6       public Node<E>   next;
7       Node(){ data = null; prev = next = this; }
8       Node(E data, Node<E> prev, Node<E> next){
9           this.data = data;  this.prev = prev; this.next = next;
10      }
11      public  void  displayNode( ){System.out.print( "{ "+data+ " } -> " );}
12  }
13  public  class  DoubleList<E>{
14      private Node<E>   head;
15      private Node<E>   crnt;
16      DoubleList(){ head = crnt = new Node<E>(); }
17      public boolean isEmpty(){ return head.next==head;}
18      public E search( E data, Comparator<? super E> c ) {
19          Node<E> ptr = head.next;
20          while( ptr != head ){
21              if( c.compare( data, ptr.data ) == 0 ){
22                  crnt = ptr;
23                  return ptr.data;
24              }
25              ptr = ptr.next;
26          }
27          return null;
28      }
29      public void printCurrentNode(){
30          if( isEmpty() ) System.out.println(" Current node is not fined");
31          else System.out.println(crnt.data);
32      }
33      public void dump(){
34          Node<E> ptr = head.next;
35          while( ptr != head ){
36              System.out.println(ptr.data);
37              ptr = ptr.next;
38          }
39      }
40      public boolean next(){
41          if( isEmpty() || crnt.next == head ) return false;
42          crnt = crnt.next;
43          return true;
44      }
45      public boolean prev(){
46          if( isEmpty() || crnt.prev == head ) return false;
```

```
47              crnt = crnt.prev;
48              return true;
49          }
50          public void add( E data ){
51              Node<E> node = new Node<E>(data, crnt, crnt.next);
52              crnt.next = (crnt.next).prev = node;
53              crnt = node;
54          }
55          public void addFirst( E data ){crnt = head; add( data ); }
56          public void addLast( E data ){crnt = head.prev; add( data );}
57          public void removeCurrentNode(){
58              if( !isEmpty() ){
59                  crnt.prev.next = crnt.next;
60                  crnt.next.prev = crnt.prev;
61                  crnt = crnt.prev;
62              }
63          }
64          public void remove( Node p){
65              Node<E> ptr = head.next;
66              while( ptr != head ){
67                  if( ptr == p ){
68                      crnt = p;
69                      removeCurrentNode();
70                      break;
71                  }
72              }
73          }
74          public void removeFirst(){crnt = head.next;removeCurrentNode();}
75          public void removeLast(){crnt = head.prev;removeCurrentNode();}
76          public void clear(){while( !isEmpty() ) removeFirst();}
77          public  void  displayList( ){
78              System.out.print("(first -> last): ");
79              Node<E> ptr = head.next;
80              while( ptr != head ){ ptr.displayNode(); ptr = ptr.next; }
81              System.out.println(" ");
82          }
83      }
```

プログラム 5.6　双方向循環リストのテスト（DoubleListApp.java）

```
1   // DoubleListApp.java      (5-6)
2   public  class  DoubleListApp<E>{
3       public  static  void  main( String[ ]  args ){
4           DoubleList<Integer>  list = new  DoubleList<>( );
5           list.add(64);   list.add(28);
6           list.add(61);   list.add(32);
7           list.displayList();
8           System.out.print("crrent node= ");list.printCurrentNode();
9           System.out.println("removeCurrentNode");
```

```
10        list.removeCurrentNode();
11        list.displayList();
12        System.out.print("crrent node= ");list.printCurrentNode();
13        System.out.println("addFirst(0)");
14        list.addFirst(0);
15        list.displayList();
16    }
17 }
```

実行結果

```
(first -> last): { 64 } -> { 28 } -> { 61 } -> { 32 } ->
crrent node= 32
removeCurrentNode
(first -> last): { 64 } -> { 28 } -> { 61 } ->
crrent node= 61
addFirst(0)
(first -> last): { 0 } -> { 64 } -> { 28 } -> { 61 } ->
```

5.6 関連プログラム

・ニューラルネットワーク

ニューラルネットワーク（NN: neural network）は，連結リストを用いて構成することができる。NN は，ニューロン（neuron）と呼ばれる多数の処理ユニットと，ニューロン間を結合するリンクから構成されている。そして，おのおののリンクには**結合荷重**（重み）が割り当てられている。なお，NN の詳細は紙面の都合で割愛するので，ほかの成書を参照してほしい。

ここでは，**誤差逆伝播法**（BP: backpropagation）を実装する NN を作成する。図 5.7 は ArrayList を用いたニューロンの構造を示す。

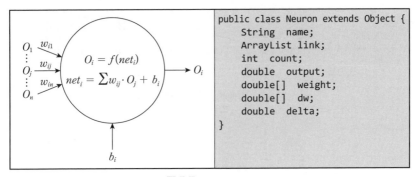

図 5.7 ニューロン

ここで，ニューロン i の活性化関数には，式 (5.1) の**シグモイド関数**（sigmoid function）が用いられることが多い。

$$f(net_i) = \frac{1}{1 + e^{-net_i}} \tag{5.1}$$

また，入力荷重和 net_i は，図 5.7 に示した結合荷重 w_{ij} と前段の出力 O_j およびバイアス b_j を用いて式 (5.2) で計算される。

$$net_i = \sum_{j=1}^{n} w_{ij} \cdot O_j + b_i \tag{5.2}$$

以下で学習させる課題は，**排他的論理和**（XOR：exclusive OR）問題とする。この理由は，XOR の入出力関係が線形非分離であるからである。この理由のために，NN は歴史の中で冬の時代を迎えることになったが，1986 年の D. E. Rumelhart による誤差逆伝播法により再び脚光をあびるようになった。XOR 問題は，3 層以上の階層型 NN であれば実現できることが知られている。

図 5.8 に排他的論理和（XOR）用の NN を示す。ここで，バイアスニューロン（Bias）は，各ニューロンの閾値を学習させるために使用している。その出力は，つねに 1.0 に固定される。図に示すように，XOR は 2 入力，1 出力の論理演算である。表 5.1 に XOR の入出力関係を示す。

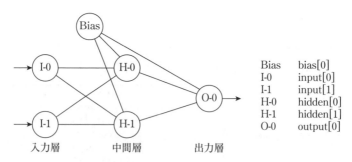

図 5.8 排他的論理和（XOR）用のニューラルネットワーク

表 5.1 XOR の入出力

入力 1	入力 2	出 力
0	0	0
0	1	1
1	0	1
1	1	0

プログラム 5.7 にニューロンクラスを，プログラム 5.8 に XOR のテストプログラムを示す．ここで，学習させる入力パターンと，教師信号用のパターンは下記のように定義されている．

```
double L = 0.0;
double H = 1.0;
double[][] pattern = { {L,L},{H,L},{L,H},{H,H} };
double[]   teacher = { L, H, H, L };
```

プログラム 5.7　ニューロン (Neuron.java)

```java
 1  // Neuron.java    (5-7)
 2  import java.util.*;
 3  public class Neuron extends Object {
 4      String name;
 5      ArrayList link;
 6      int count;
 7      double output;
 8      double[] weight;
 9      double[] dw;
10      double delta;
11      Neuron( int count, String name){
12          this.count  = count;
13          this.name = name;
14          this.output = 0.0;
15          this.link = new ArrayList();
16          this.weight = new double[count+1];
17          this.dw     = new double[count+1];
18          this.delta  = 0.0;
19          for( int i = 0; i <= count; i++ ){ this.weight[i] = 0.0; this.dw[i] = 0.0;}
20      }
21      public void addLink(Neuron neuron) { link.add(neuron); }
22  }
```

プログラム 5.8 ニューラルネットワークによる XOR (XorApp.java)

```java
1   // XorApp.java    (5-8)
2   import java.io.*;
3   import java.util.*;
4   public class XorApp{
5       Neuron[] input, hidden, output, bias;
6       int INPUTUNIT  = 2, HIDDENUNIT = 2, OUTPUTUNIT = 1, BIASUNIT   = 1;
7       double L = 0.0, H = 1.0;
8       double[][] pattern = { {L,L},{H,L},{L,H},{H,H} };
9       double[]   teacher = { L, H, H, L };
10      double Eta   = 2.5, Alpha = 0.8, LimitError = 0.001;
11      int    MaxLoop = 1200;
12      long   seed = 1L;
13      double err;
14      Xor(){
15          makeNetwork();
16          inputWeight(hidden, -0.5, 0.5);
17          inputWeight(output, -0.5, 0.5);
18          bias[0].output = 1.0;
19          int loop = 0;
20          do{
21              for(int i=0; i<4; i++ ){
22                  inputData( pattern[i] );
23                  propagate( hidden );
24                  propagate( output );
25                  restDelta( hidden );
26                  restDelta( output );
27                  outputLearning( output, teacher[i] );
28                  hiddenLearning( hidden );
29              }
30              err = 0.0;
31              for(int i=0; i<4; i++ ){
32                  inputData( pattern[i] );
33                  propagate( hidden );
34                  propagate( output );
35                  double dif = output[0].output - teacher[i];
36                  err += dif * dif;
37              }
38              if( loop % 100 == 0 ){
39                  System.out.printf("%3d : err=%7.4f   w:"+
40                               "| %6.3f %6.3f %6.3f| %6.3f %6.3f %6.3f"+
41                               "| %6.3f %6.3f %6.3f| %6.3f %6.3f %6.3f|¥n",
42                      loop, err,
43                      output[0].weight[0], output[0].weight[1], output[0].weight[2],
44                      output[0].weight[1], output[0].weight[1], output[0].weight[2],
45                      hidden[0].weight[0], hidden[0].weight[1], hidden[0].weight[2],
46                      hidden[1].weight[0], hidden[1].weight[1], hidden[1].weight[2]);
47              }
```

5.6 関連プログラム

```
48              loop++;
49          }while( (err > LimitError) && ( loop < MaxLoop) );
50          System.out.printf("%3d : err=%7.4f  w:"+
51              "| %6.3f %6.3f %6.3f| %6.3f %6.3f %6.3f"+
52              "| %6.3f %6.3f %6.3f| %6.3f %6.3f %6.3f|¥n",
53              loop, err,
54              output[0].weight[0], output[0].weight[1], output[0].weight[2],
55              output[0].weight[1], output[0].weight[1], output[0].weight[2],
56              hidden[0].weight[0], hidden[0].weight[1], hidden[0].weight[2],
57              hidden[1].weight[0], hidden[1].weight[1], hidden[1].weight[2]);
58          for(int i = 0; i < 4; i++ ){
59              inputData( pattern[i] );
60              propagate( hidden );
61              propagate( output );
62              System.out.printf("##### (%6.3f, %6.3f) -- >%6.3f¥n",
63                  input[0].output, input[1].output, output[0].output);
64          }
65      }
66      private void makeNetwork(){
67          input  = new Neuron[INPUTUNIT]; hidden = new Neuron[HIDDENUNIT];
68          output = new Neuron[OUTPUTUNIT]; bias   = new Neuron[BIASUNIT];
69          input[0]  = new Neuron( 0, "(I-0)"); input[1]  = new Neuron( 0, "(I-1)");
70          hidden[0] = new Neuron( 2, "(H-0)"); hidden[1] = new Neuron( 2, "(H-1)");
71          output[0] = new Neuron( 2, "(O-0)"); bias[0]   = new Neuron( 0, "(Bias)");
72          hidden[0].addLink(input[0]); hidden[0].addLink(input[1]);
73          hidden[0].addLink(bias[0]);  hidden[1].addLink(input[0]);
74          hidden[1].addLink(input[1]); hidden[1].addLink(bias[0]);
75          output[0].addLink(hidden[0]); output[0].addLink(hidden[1]);
76          output[0].addLink(bias[0]);
77      }
78      private void inputData( double[] pattern ){
79          for(int j = 0; j < pattern.length; j++ )input[j].output = pattern[j];
80      }
81      private void propagate(Neuron[] neurons){
82          int n_group = neurons.length;
83          for( int i=0; i<n_group; i++){
84              Neuron neuron = neurons[i];
85              ArrayList pre_neurons = neurons[i].link;
86              double net = 0.0;
87              for( int j = 0; j <= neuron.count; j++ ){
88                  Neuron pre =  (Neuron)pre_neurons.get(j);
89                  net += neuron.weight[j] * pre.output;
90              }
91              neuron.output = 1.0 / (1.0 + Math.exp( -net ) );
92          }
93      }
94      private void inputWeight(Neuron[] neurons, double from, double to){
95          Random rand = new Random(seed);
96          int n_group = neurons.length;
```

```
            for( int i=0; i<n_group; i++){
                Neuron neuron = neurons[i];
                ArrayList pre_neurons = neurons[i].link;
                for( int j = 0; j <= neuron.count; j++ ){
                    neuron.weight[j] = rand.nextDouble() * (to-from) + from;;
                }
            }
        }
        public void restDelta( Neuron[] neurons ){
            int n_group = neurons.length;
            for( int i=0; i<n_group; i++){
                Neuron neuron = neurons[i];
                for( int j=0; j<=neuron.count; j++){
                    ArrayList pre_neurons = neuron.link;
                    Neuron pre =  (Neuron)pre_neurons.get(j);
                    pre.delta = 0.0;
                }
            }
        }
        public void outputLearning( Neuron[] neurons, double teacher ){
            int n_group = neurons.length;
            for( int i=0; i<n_group; i++){
                Neuron neuron = neurons[i];
                double out = neuron.output;
                neuron.delta = ( teacher - out ) * out * ( 1.0 - out );
            }
            for( int i=0; i<n_group; i++){
                Neuron neuron = neurons[i];
                ArrayList pre_neurons = neurons[i].link;
                for( int j=0; j<= neuron.count; j++ ){
                    Neuron pre =  (Neuron)pre_neurons.get(j);
                    pre.delta = 0.0;
                }
            }
            for( int i=0; i<n_group; i++){
                Neuron neuron = neurons[i];
                ArrayList pre_neurons = neurons[i].link;
                for( int j=0; j<= neuron.count; j++ ){
                    Neuron pre =  (Neuron)pre_neurons.get(j);
                    neuron.dw[j]=Eta*neuron.delta*pre.output + Alpha * neuron.dw[j];
                    neuron.weight[j] += neuron.dw[j];
                    pre.delta += neuron.delta * neuron.weight[j];
                }
            }
        }
        public void hiddenLearning( Neuron[] neurons ){
            int n_group = neurons.length;
            for( int i=0; i<n_group; i++){
                Neuron neuron = neurons[i];
```

```
146            neuron.delta *= neuron.output * ( 1.0 - neuron.output );
147        }
148        for( int i=0; i<n_group; i++){
149            Neuron neuron = neurons[i];
150            ArrayList pre_neurons = neurons[i].link;
151            for( int j=0; j<= neuron.count; j++ ){
152                Neuron pre =  (Neuron)pre_neurons.get(j);
153                pre.delta = 0.0;
154            }
155        }
156        for( int i=0; i<n_group; i++){
157            Neuron neuron = neurons[i];
158            ArrayList pre_neurons = neurons[i].link;
159            for( int j=0; j<= neuron.count; j++ ){
160                Neuron pre =  (Neuron)pre_neurons.get(j);
161                neuron.dw[j]=Eta*neuron.delta*pre.output+Alpha* neuron.dw[j];
162                neuron.weight[j] += neuron.dw[j];
163                pre.delta += neuron.delta * neuron.weight[j];
164            }
165        }
166    }
167    public static void main( String[] args ){
168        new Xor();
169    }
170 }
```

実行結果

```
0 : err= 1.0250   w:|   0.411   0.076   0.098|   0.076   0.076
0.098|   0.239  -0.061  -0.242|  -0.204   0.471  -0.484|
100 : err= 0.4955   w:|  -4.221   6.964   0.075|   6.964   6.964
0.075|  -5.030   0.700   0.977|  -7.907   5.215  -3.364|
200 : err= 0.0039   w:|  -7.972   8.361   3.720|   8.361   8.361
3.720|  -5.277   5.265   2.570|  -8.115   6.110  -3.333|
300 : err= 0.0020   w:|  -8.656   8.910   4.091|   8.910   8.910
4.091|  -5.559   5.553   2.747|  -8.140   6.349  -3.352|
400 : err= 0.0013   w:|  -9.053   9.257   4.303|   9.257   9.257
4.303|  -5.719   5.713   2.844|  -8.159   6.481  -3.377|
492 : err= 0.0010   w:|  -9.311   9.492   4.439|   9.492   9.492
4.439|  -5.821   5.815   2.905|  -8.172   6.565  -3.398|
##### ( 0.000,   0.000) -- > 0.017
##### ( 1.000,   0.000) -- > 0.981
##### ( 0.000,   1.000) -- > 0.986
##### ( 1.000,   1.000) -- > 0.013
```

プログラム5.8の実行結果を参照すると，492回で教師信号とNNの出力の誤差が0.001となり学習が完了している．この時点で，各ニューロン間の結合荷重の中にXORの論理演算の機能が埋め込まれていると考えることができる．

演習問題

5-1 表は，配列を用いた連結セルによるリストの内部表現であり，リスト[東京，品川，名古屋，新大阪]を表している。このリストを[東京，新横浜，名古屋，新大阪]に変化させる操作はどれか。ここで，A(*i*, *j*)は表の第*i*行第*j*列の要素を表す。例えば，A(3, 1) = "名古屋"であり，A(3, 2) = 4である。また，→は代入を表す。

	A	1	2
行	1	"東京"	2
	2	"品川"	3
	3	"名古屋"	4
	4	"新大阪"	0
	5	"新横浜"	

列

	第1の操作	第2の操作
ア	5 → A(1, 2)	A(A(1, 2), 2) → A(5, 2)
イ	5 → A(1, 2)	A(A(2, 2), 2) → A(5, 2)
ウ	A(A(1, 2), 2) → A(5, 2)	5 → A(1, 2)
エ	A(A(2, 2), 2) → A(5, 2)	5 → A(1, 2)

5-2 図は単方向リストを表している。"東京"がリストの先頭であり，そのポインタにはつぎのデータのアドレスが入っている。また，"名古屋"はリストの最後であり，そのポインタには0が入っている。アドレス150に置かれた"静岡"を，"熱海"と"浜松"の間に挿入する処理として正しいものはどれか。

先頭データへのポインタ
| 10 |

アドレス	データ	ポインタ
10	東京	50
30	名古屋	0
50	新横浜	90
70	浜松	30
90	熱海	70
150	静岡	

ア　静岡のポインタを50とし，浜松のポインタを150とする。
イ　静岡のポインタを70とし，熱海のポインタを150とする。
ウ　静岡のポインタを90とし，浜松のポインタを150とする。
エ　静岡のポインタを150とし，熱海のポインタを90とする。

5-3 配列と比較した場合のリストの特徴に関する記述として，適切なものはどれか。
　ア　要素を更新する場合，ポインタを順番にたどるだけなので，処理時間は短い。
　イ　要素を削除する場合，削除した要素から後ろにあるすべての要素を前に移動するので，処理時間は長い。
　ウ　要素を参照する場合，ランダムにアクセスできるので，処理時間は短い。
　エ　要素を挿入する場合，数個のポインタを書き換えるだけなので，処理時間は短い。

5-4 リストを2つの一次元配列で実現する。配列要素 box[i] と next[i] の対がリストの1つの要素に対応し，box[i] に要素の値が入り，next[i] につぎの要素の番号が入る。配列が図の状態の場合，リストの3番目と4番目との間に値がHである要素を挿入したときのnext[8]の値はどれか。ここで，next[0]がリストの先頭(1番目)の要素を指し，next[i]の値が0である要素はリストの最後を示し，next[i]の値が空白である要素はリストに連結されていない。

	0	1	2	3	4	5	6	7	8	9
box	0	A	B	C	D	E	F	G	H	I

	0	1	2	3	4	5	6	7	8	9
next	1	5	0	7		3		2		

　ア　3　　イ　5
　ウ　7　　エ　8

5-5 データ構造の1つであるリストは，配列を用いて実現する場合と，ポインタを用いて実現する場合とがある。配列を用いて実現する場合の特徴はどれか。ここで，配列を用いたリストは，配列に要素を連続して格納することによって構成し，ポインタを用いたリストは，要素からつぎの要素へポインタで連結することによって構成するものとする。
　ア　位置を指定して，任意のデータに直接アクセスすることができる。
　イ　並んでいるデータの先頭に任意のデータを効率的に挿入することができる。
　ウ　任意のデータの参照は効率的ではないが，削除や挿入の操作を効率的に行える。
　エ　任意のデータを別の位置に移動する場合，隣接するデータを移動せずにできる。

5-6 リストは，配列で実現する場合とポインタで実現する場合とがある。リストを配列で実現した場合の特徴として，適切なものはどれか。

ア　リストにある実際の要素数にかかわらず，リストの最大長に対応した領域を確保し，実際には使用されない領域が発生する可能性がある。

イ　リストにある実際の要素数にかかわらず，リストへの挿入と削除は一定時間で行うことができる。

ウ　リストの中間要素を参照するには，リストの先頭から順番に要素をたどっていくので，要素数に比例した時間が必要となる。

エ　リストの要素を格納する領域のほかに，つぎの要素を指し示すための領域が別途必要となる。

5-7 双方向のポインタをもつリスト構造のデータを表に示す。この表において，新たな社員Gを社員Aと社員Kの間に追加する。追加後の表のポインタa～fの中で追加前と比べて値が変わるポインタだけをすべて列記したものはどれか。

表

アドレス	社員名	次ポインタ	前ポインタ
100	社員A	300	0
200	社員T	0	300
300	社員K	200	100

追加後の表

アドレス	社員名	次ポインタ	前ポインタ
100	社員A	a	b
200	社員T	c	d
300	社員K	e	f
400	社員G	x	y

ア　a, b, e, f
イ　a, e, f
ウ　a, f
エ　b, e

5-8 多数のデータが単方向リスト構造で格納されている。このリスト構造には，先頭ポインタとは別に，末尾のデータを指し示す末尾ポインタがある。つぎの操作のうち，ポインタを参照する回数が最も多いものはどれか。

ア　リストの先頭にデータを挿入する。

イ　リストの先頭のデータを削除する。

ウ　リストの末尾にデータを挿入する。

エ　リストの末尾のデータを削除する。

第6章 スタックとキュー

データを一時的に保存するためのデータ構造として，スタックとキューがある。スタックは，リストの先頭でのみ挿入と削除が行われるデータ構造である。一方，キューは，リストの先頭で挿入が行われ，末尾で削除が行われるデータ構造である。計算量は，いずれも O(1) である。

本章では，スタックとキューについて説明し，それらの実装方法について説明する。

6.1 スタック

(1) アルゴリズム

スタック（stack）は，最後に挿入されたものが最初に取り出されるので，後入れ先出し（LIFO: last in first out）と呼ばれ，再帰呼出しの管理などに用いられている。データをリストに入れる操作をプッシュ（push），取り出す操作をポップ（pop）と呼ぶ。図 6.1 にスタックの構造を示す。

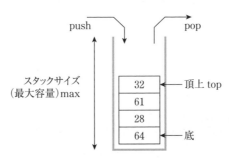

図 6.1　スタックの構造

(2) 実　装

図 6.1 は，4 つの int 型のデータが格納されている様子を示している。そのプログラムと実行結果をプログラム 6.1 に示す。まず，フィールド変数は，スタックサイズ（最大容量）max, データ数 n, スタックのデータを格納する

配列 a，そして頂上のインデックス top である．コンストラクタは，スタックサイズを表す1つの引数をもつ．この値をもとに，配列を生成し，データ数に (−1) を入れている．また，メソッドには，push( )，pop( )，peek( )，isEmpty( )，isFull( )，そして dump( ) を準備している．これらのメソッドの機能を表 6.1 に示し，表 6.2 にスタックの動作過程を示す．

プログラム 6.1　スタック (StackApp.java)

```
1   // StackApp.java      (6-1)
2   public class StackApp{
3       private int max;
4       private int n;
5       private int[] a;
6       private int top;
7       StackApp( int max ){
8           this.max = max; a = new int[ max ]; n = 0; top = -1;
9       }
10      public class EmptyStackException extends RuntimeException{
11          public EmptyStackException(){}
12      }
13      public class OverFlowStackException extends RuntimeException{
14          public OverFlowStackException(){}
15      }
16      public void push( int data){
17          if(n >= max) throw new OverFlowStackException();
18          a[++top] = data;
19          n++;
20      }
21      public int pop( ) {
22          if( top <= 0 ) throw new EmptyStackException();
23          n--;
24          return a[ top-- ];
25      }
26      public int peek( ){
27          if( top <= 0 ) throw new EmptyStackException();
28          return a[ top ];
29      }
30      public boolean isEmpty( ){ return (top == -1); }
31      public boolean isFull( ){ return (top == max - 1); }
32      public void dump(StackApp stack){
33          for(int i=0; i<=top;i++)System.out.print( "a["+i+"]= "+a[i]+"  ");
34          System.out.println();
35      }
36      public static void main(String[] args){     // main method
37          StackApp stack = new StackApp( 4 );
38          stack.push( 64 ); System.out.print("push( 64 ): ");stack.dump(stack);
```

6.1 スタック

```
39      stack.push( 28 ); System.out.print("push( 28 ): ");stack.dump(stack);
40      stack.push( 61 ); System.out.print("push( 61 ): ");stack.dump(stack);
41      stack.push( 32 ); System.out.print("push( 32 ): ");stack.dump(stack);
42      //stack.push( 29 );
43      //System.out.print("push( 29 ): ");stack.dump(stack);
44      System.out.println("top= "+stack.top);
45      int data = stack.pop();
46      System.out.print("pop() ="+data+" : "); stack.dump(stack);
47      stack.push( 29 ); System.out.print("push( 29 ): ");stack.dump(stack);
48    }
49  }
```

実行結果

```
push( 64 ): a[0]= 64
push( 28 ): a[0]= 64   a[1]= 28
push( 61 ): a[0]= 64   a[1]= 28   a[2]= 61
push( 32 ): a[0]= 64   a[1]= 28   a[2]= 61   a[3]= 32
top= 3
pop() =32 : a[0]= 64   a[1]= 28   a[2]= 61
push( 29 ): a[0]= 64   a[1]= 28   a[2]= 61   a[3]= 29
```

表 6.1 StackApp に実装したメソッド

メソッド	説明
push	スタックにデータをプッシュする。ただし，スタックが満杯の場合は，例外（OverflowStackException）が投げられる。ここで，"＋＋top" の意味は，先に top をインクリメントして，配列のインデックスとしてアクセスするという意味である。
pop	スタックからデータをポップする。ただし，スタックが空の場合は，例外（EmptyStackException）が投げられる。ここで，"top--" の意味は，配列のインデックスとしてアクセス後に，要素が取り出されたので top をデクリメントするという意味である。
peek	スタックのトップにあるデータを覗き見する。覗き見するだけなので，データは不変である。ただし，スタックが空の場合は，例外（EmptyStackException）が投げられる。
isEmpty	スタックが空であるか否かを調べる。空であれば真（true），そうでなければ偽（false）が返される。
isFull	スタックが満杯であるか否かを調べる。満杯であれば真（true），そうでなければ偽（false）が返される。
dump	スタック内の全データを表示する。表示の順番は，スタックの底から頂上への方向である。

表 6.2 スタックの動作過程

0	StackApp stack = new StackApp(4);	[max−1] [2] [1] [0]	↕ max	n = 0 top = −1
1	stack.push(64);	[max−1] [2] [1] [0] 64 ← top		n = 1 top = 0
2	stack.push(28);	[max−1] [2] [1] 28 ← top [0] 64		n = 2 top = 1
3	stack.push(61);	[max−1] [2] 61 ← top [1] 28 [0] 64		n = 3 = max−1 top = 2
4	stack.push(32);	[max−1] 32 ← top [2] 61 [1] 28 [0] 64		n = 4 = max top = 3
5	stack.push(29);	[max−1] 32 ← top [2] 61 [1] 28 [0] 64		例外発生 OverFlowStackException
	上記をコメント後			
6	int data = stack.pop( );	[max−1] 32 [2] 61 ← top [1] 28 [0] 64		n = 3 top = 2
7	stack.push(29);	[max−1] 29 ← top [2] 61 [1] 28 [0] 64		n = 4 top = 3 = max−1

6.2 キュー

(1) キュー構造

キュー (queue) は，最初に挿入されたものが最初に取り出されるので，先入れ先出し (FIFO: first in first out) と呼ばれ，スーパーのレジで見られるような待ち行列に対応する。データをリストに入れる操作を**エンキュー** (enqueue)，取り出す操作を**デキュー** (dequeue) と呼ぶ。図 6.2 にキューの構造を示す。

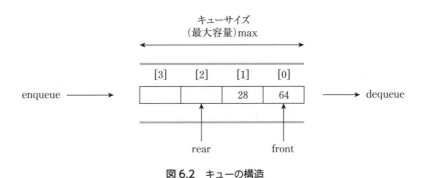

図 6.2　キューの構造

(2) 実　装

キューを実現するプログラムとその実行結果をプログラム 6.2 に示す。フィールド変数は，キューサイズ max，データ数 n，キューのデータを格納する配列 a，取り出しインデックス front，そして格納インデックス rear である。コンストラクタは，スタックサイズを表す 1 つの引数をもつ。この値をもとに，配列を生成し，front と rear に 0 を入れている。また，メソッドには，enque( )，deque( )，peekfront( )，isEmpty( )，isFull( )，そして dump( ) を準備している。

プログラム 6.2 キュー（QueueApp.java）

```java
1   // QueueApp.java      (6-2)
2   public class QueueApp{
3       private int max;
4       private int[] a;
5       private int front;
6       private int rear;
7       private int n;
8       QueueApp( int size ){ max = size; a = new int[ max ];front = rear = n = 0;}
9       public class EmptyQueueException extends RuntimeException{
10          public EmptyQueueException(){}
11      }
12      public class OverFlowQueueException extends RuntimeException{
13          public OverFlowQueueException(){}
14      }
15      public void enque(int data){
16          if(n >= max) throw new OverFlowQueueException();
17          a[rear++] = data;
18          if(rear >= max) rear = 0;
19          n++;
20      }
21      public int deque(){
22          if(n <= 0) throw new EmptyQueueException();
23          int tmp = a[front++];
24          if(front == max) front = 0;
25          n--;
26          return tmp;
27      }
28      public int peekFront(){return a[front]; }
29      public boolean isEmpty(){ return (n== 0); }
30      public boolean isFull(){ return (n== max); }
31      public int size(){ return n; }
32      public void dump(QueueApp que){
33          System.out.print("{[max-1]...[1] [0]}:{");
34          for(int i=max-1; i>=0;i--)System.out.printf( "%2d  ",a[i]);
35          System.out.println("}");
36          System.out.println("        n= "+n+"  front= "+front+"  rear= "+rear);
37      }
38  
39      public static void main( String[] args ){
40          QueueApp que = new QueueApp(4);
41          que.enque( 64 ); System.out.print("enque( 64 ) : "); que.dump(que);
42          que.enque( 28 ); System.out.print("enque( 28 ) : "); que.dump(que);
43          que.enque( 61 ); System.out.print("enque( 61 ) : "); que.dump(que);
44          que.enque( 32 ); System.out.print("enque( 32 ) : "); que.dump(que);
45          //que.enque( 29 ); System.out.print("enque( 29 ) : ");que.dump(que);
46          int data = que.deque();
47          System.out.print("deque()= "+data+" : "); que.dump(que);
```

6.2 キュー

```
48         que.enque( 29 ); System.out.print("enque( 29 ): ");que.dump(que);
49     }
50 }
```

実行結果

```
enque( 64 ) : {[max-1]...[1] [0]}:{ 0  0  0 64 }
           n= 1  front= 0  rear= 1
enque( 28 ) : {[max-1]...[1] [0]}:{ 0  0 28 64 }
           n= 2  front= 0  rear= 2
enque( 61 ) : {[max-1]...[1] [0]}:{ 0 61 28 64 }
           n= 3  front= 0  rear= 3
```

表 6.3 キューの動作過程

		[max−1] [2] [1] [0]	
0	QueueApp que = new QueueApp(4));	(empty) ↑ front rear	$n = 0$ front = rear = 0
1	que.enque(64);	` `,` `,` `,`64` ↑ ↑ rear front	$n = 1$ front = 0 rear = 1
2	que.enque(28);	` `,` `,`28`,`64` ↑ ↑ rear front	$n = 2$ front = 0 rear = 2
3	que.enque(61);	` `,`61`,`28`,`64` ↑ ↑ rear front	$n = 3 = max-1$ front = 0 rear = 3
4	que.enque(32);	`32`,`61`,`28`,`64` ↑ front rear	$n = 4 = max$ front = 0 rear = 0
5	que.enque(29);	`32`,`61`,`28`,`64` ↑ front rear	例外発生 OverFlowQueueException
	上記をコメント後		
6	int data = que.deque();	`32`,`61`,`28`,`64` ↑ front rear	$n = 3$ front = 1 rear = 0
7	que.enque(29);	`32`,`61`,`28`,`29` ↑ front rear	$n = 4$ front = 1 rear = 1

```
enque( 32 ) : {[max-1]...[1] [0]}:{32 61 28 64 }
              n= 4  front= 0  rear= 0
deque()= 64 : {[max-1]...[1] [0]}:{32 61 28 64 }
              n= 3  front= 1  rear= 0
enque( 29 ) : {[max-1]...[1] [0]}:{32 61 28 29 }
              n= 4  front= 1  rear= 1
```

main メソッドに記述されているように，データとして { 64, 28, 61, 32 } をエンキューする。この状態で，キューは満杯となっている。コメント行を外して，29 のエンキューを実行すると "OverFlowQueueException" が発生する。つぎにデキューを実行し，キューから 1 つの要素を取り除く。そして，再び 29 のエンキューを実行すると，今度はキューに追加される。表 6.3 にキューの動作過程を示す。

6.3 Java クラスライブラリの利用

スタックとキューに関する Java クラスライブラリを表 6.4 に示す。表において，まず Stack クラスは，古い仕様であるので使用されることは少ない。つぎに，Queue インタフェースは，名前はキューであるがスタックとキューの両方の機能を有している。そして，Deque インタフェースは，Queue を拡張したものとなっているので，通常は Deque を用いるのがよい。Deque は，デックと呼ばれる。

表 6.4 スタックとキューに関する Java クラスライブラリ

クラス インタフェース	機能	メソッド	
java.util.Stack	LIFO	addFirst( ), push( )	：先頭に追加
		removeFirst( ), pop( )	：先頭から削除
java.util.Queue	LIFO, FIFO	addLast( ), add( )	：末尾に追加
		removeFirst( ), remove( )	：先頭から削除
java.util.Deque	Queue の拡張	addFirst( ), push( )	：先頭に追加
		removeFirst( ), remove( ), pop( )	：先頭から削除
		addLast( ), add( )	：末尾に追加
		removeLast( )	：末尾から削除

6.3 Java クラスライブラリの利用

デックには多くのメソッドがあるが，スタックとして利用する場合は，push( ) メソッドと pop( ) メソッドを用いるとソースコードの可読性が上がる。また，キューとして利用する場合は，列の最後に追加し，列の先頭から削除すればよいので，エンキューとして addLast( ) メソッドを，デキューとして removeFirst( ) メソッドを用いるとソースコードの可読性が上がる。

プログラム 6.3 に Deque を用いたプログラムを示す。ここでは，プログラム 1.2 に示した Student クラスを用いている。

プログラム 6.3 Deque を用いたスタックとキュー（DequeApp.java）

```java
// DequeApp.java        (6-3)
import java.util.ArrayDeque;
import java.util.Deque;
public class DequeApp{
    public static void main( String[] args ){
        Deque<Student> s = new ArrayDeque<>();
        // Stack (LIFO)
        System.out.println("#### Stack (LIFO) ####");
        s.push( new Student(0, "T", 64) ); System.out.println(s);
        s.push( new Student(1, "C", 28) ); System.out.println(s);
        s.push( new Student(2, "N", 61) ); System.out.println(s);
        s.push( new Student(3, "K", 29) ); System.out.println(s);
        System.out.print("Pop:("+s.pop()+") "); System.out.println(s);
        System.out.print("Pop:("+s.pop()+") "); System.out.println(s);
        System.out.print("Pop:("+s.pop()+") "); System.out.println(s);
        System.out.print("Pop:("+s.pop()+") "); System.out.println(s);
        // Queue (FIFO)
        System.out.println("#### Queue (FIFO) ####");
        Deque<Student> q = new ArrayDeque<>();
        q.addLast( new Student(0, "T", 64) ); System.out.println(q);
        q.addLast( new Student(1, "C", 28) ); System.out.println(q);
        q.addLast( new Student(2, "N", 61) ); System.out.println(q);
        q.addLast( new Student(3, "K", 29) ); System.out.println(q);
        System.out.print("removeFirst:("+q.removeFirst()+") ");
        System.out.println(q);
        System.out.print("removeFirst:("+q.removeFirst()+") ");
        System.out.println(q);
        System.out.print("removeFirst:("+q.removeFirst()+") ");
        System.out.println(q);
        System.out.print("removeFirst:("+q.removeFirst()+") ");
        System.out.println(q);
    }
}
```

実行結果

```
#### Stack (LIFO) ####
[ 0 T 64 ]
[ 1 C 28 , 0 T 64 ]
[ 2 N 61 , 1 C 28 , 0 T 64 ]
[ 3 K 29 , 2 N 61 , 1 C 28 , 0 T 64 ]
Pop:( 3 K 29 )  [ 2 N 61 , 1 C 28 , 0 T 64 ]
Pop:( 2 N 61 )  [ 1 C 28 , 0 T 64 ]
Pop:( 1 C 28 )  [ 0 T 64 ]
Pop:( 0 T 64 )  []
#### Queue (FIFO) ####
[ 0 T 64 ]
[ 1 C 28 , 0 T 64 ]
[ 2 N 61 , 1 C 28 , 0 T 64 ]
[ 3 K 29 , 2 N 61 , 1 C 28 , 0 T 64 ]
removeLast:( 0 T 64 )  [ 3 K 29 , 2 N 61 , 1 C 28 ]
removeLast:( 1 C 28 )  [ 3 K 29 , 2 N 61 ]
removeLast:( 2 N 61 )  [ 3 K 29 ]
removeLast:( 3 K 29 )  []
```

6.4 関連プログラム

・Queue インタフェース

プログラム 6.4 に Queue インタフェース（java.util.Queue）を用いたプログラムを示す。

プログラム 6.4 Queue インタフェースの利用（QueueApp2.java）

```java
1  // QueueApp2.java      (6-4)
2  import  java.util.LinkedList;
3  import  java.util.Queue;
4  public  class  QueueApp2{
5      public  static  void  main( String[ ] args  ){
6          Queue<Integer> que = new  LinkedList< >( );
7          System.out.println("#### enqueue ####");
8          que.add( 64 ); System.out.println(que);
9          que.add( 29 ); System.out.println(que);
10         que.add( 61 ); System.out.println(que);
11         que.add( 32 ); System.out.println(que);
12         System.out.println("#### dequeue ####");
13         while(  !que.isEmpty( )  ){
14             int front = que.remove( );
15             System.out.println(que);
16         }
17     }
18 }
```

実行結果

```
#### enqueue ####
[64]
[64, 29]
[64, 29, 61]
[64, 29, 61, 32]
#### dequeue ####
[29, 61, 32]
[61, 32]
[32]
[]
```

演習問題

6-1 FIFO の処理に適したデータ構造はどれか。

　　ア　キュー　　　イ　スタック　　　ウ　2分木　　　エ　ヒープ

6-2 スタックに関する記述として，適切なものはどれか。

　　ア　最後に格納したデータを最初に取り出すことができる。
　　イ　最初に格納したデータを最初に取り出すことができる。
　　ウ　探索キーからアドレスに変換することによって，データを取り出すことができる。
　　エ　優先順位の高いデータを先に取り出すことができる。

6-3 PUSH 命令でスタックにデータを入れ，POP 命令でスタックからデータを取り出す。動作中のプログラムにおいて，ある状態からつぎの順で 10 個の命令を実行したとき，スタックの中のデータは図のようになった。1 番目の PUSH 命令でスタックに入れたデータはどれか。

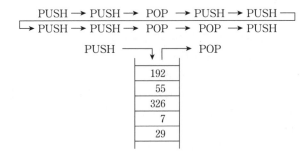

　　ア　29　　　イ　7　　　ウ　326　　　エ　55

6-4 つぎの2つのスタック操作を定義する。
PUSH n：スタックにデータ(整数値 n)をプッシュする。
POP：スタックからデータをポップする。
空のスタックに対して，つぎの順序でスタック操作を行った結果はどれか。
PUSH 1 → PUSH 5 → POP → PUSH 7 → PUSH 6 → PUSH 4 → POP →
POP → PUSH 3

ア	イ	ウ	エ
1	3	3	6
7	4	7	4
3	6	1	3

6-5 データ構造に関する記述のうち，適切なものはどれか。
　ア　2分木は，データ間の関係を階層的に表現する木構造の一種であり，すべての節が2つの子をもつデータ構造である。
　イ　スタックは，最初に格納したデータを最初に取り出す先入れ先出しのデータ構造である。
　ウ　線形リストは，データ部とつぎのデータの格納先を指すポインタ部から構成されるデータ構造である。
　エ　配列は，ポインタの付替えだけでデータの挿入・削除ができるデータ構造である。

6-6 待ち行列に対する操作をつぎのとおり定義する。
ENQ n：待ち行列にデータ n を挿入する。
DEQ：待ち行列からデータを取り出す。
空の待ち行列に対し，ENQ1, ENQ2, ENQ3, DEQ, ENQ4, ENQ5, DEQ, ENQ6, DEQ, DEQ の操作を行った。つぎに DEQ 操作を行ったとき，取り出される値はどれか。
　　ア　1　　イ　2　　ウ　5　　エ　6

6-7 十分な大きさの配列 A と初期値が 0 の変数 p に対して，関数 f(x) と g( ) がつぎのとおり定義されている。配列 A と変数 p は，関数 f と g だけでアクセス可能である。これらの関数が操作するデータ構造はどれか。

```
function f(x){
  p=p+1
  A[p]=x
  return None
}
function g(){
  x=A[p]
  p=p-1
  retun x
}
```

　ア　キュー　　　イ　スタック　　　ウ　ハッシュ　　　エ　ヒープ

6-8 キューに関する記述として，最も適切なものはどれか。
　　ア　最後に格納されたデータが最初に取り出される。
　　イ　最初に格納されたデータが最初に取り出される。
　　ウ　添字を用いて特定のデータを参照する。
　　エ　2つ以上のポインタを用いてデータの階層関係を表現する。

6-9 関数や手続を呼び出す際に，戻り番地や処理途中のデータを一時的に保存するのに適したデータ構造はどれか。
　　ア　2分探索木　　　イ　キュー
　　ウ　スタック　　　　エ　双方向連結リスト

6-10 A, B, C, D の順に到着するデータに対して，1つのスタックだけを用いて出力可能なデータ列はどれか。
　　ア　A, D, B, C　　　イ　B, D, A, C
　　ウ　C, B, D, A　　　エ　D, C, A, B

第7章 木構造

木構造（tree structure）は，データ構造の1つとしてよく利用されている。木構造を構成する要素は，**ノード**（node）と**エッジ**（edge）である。エッジは，**ブランチ**（branch）や**リンク**（link）とも呼ばれる。日本語訳は，節点と枝である。木構造を用いると，探索やソートなどの効率的なアルゴリズムを実現することができる。木構造には，2分木，完全2分木，2分探索木，平衡木，赤黒木などがある。

本章では，木構造について説明し，その実装方法について述べる。

7.1 木構造とは

(1) 木構造のキーワード

図7.1に木構造の例を示す。図に示すように，木構造はノードとノード間を結ぶエッジで表される。木の最上流のノードが**根**（root）であり，根からどのくらい離れているかを示す指標が**レベル**（level）である。レベル間のノードには，親子関係がある。すなわち，あるノードを基準とすると，上流レベルのノードが**親**（parent）であり，下流レベルのノードが**子**（child）である。木構造においては，親は1つだけに限定される。木構造のキーワードを表7.1に

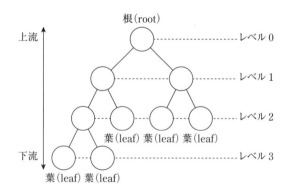

図7.1　木構造の例

7.1 木構造とは

表 7.1 木構造のキーワード

キーワード	説明
根（root）	最も上流のノードであり，1つの木に1つのみ存在する．
親（parent）	あるノードの上流ノードであり，1つのみ存在する．
子（child）	あるノードの下流ノードであり，2個の場合を2分木，3個以上の場合を多分木と呼ぶ．
葉（leaf）	子をもたないノードである．
兄弟（sibling）	共通の親をもつノードである．
先祖（ancestor）	あるノードの上流側をたどるすべてのノードである．
子孫（descendant）	あるノードの下流側をたどるすべてのノードである．
レベル（level）	根からの距離であり，根のレベルを0として計算される．
度数（degree）	ノードがもつ子の数である．
高さ（height）	根から最も遠い葉までの距離である．
部分木（subtree）	あるノードを根とした場合の，子孫から構成される木のことである．
空木（null tree）	ノードやエッジが存在しない木のことである．
順序木 (ordered tree)	兄弟の順序関係を区別する木のことである．すなわち，左のエッジに接続しているすべてのノードは，このノードより小さく，右のエッジに接続しているすべてのノードは，このノードより大きい．2分探索木に用いられる．
無順序木 (unordered tree)	兄弟の順序関係を区別しない木のことである．

示す．

(2) 順序木の探索方法

順序木を用いた探索方法は，図 7.2 に示すように，**幅優先探索**（BFS：breadth first search）と**深さ優先探索**（DFS：depth first search）の2つに大別される．

まず，幅優先探索は横型探索とも呼ばれ，図 7.2 (a) に示すように，ルートから始め，左側から右側になぞり，終了後につぎのレベルに移り，同様に探索する方法である．探索ノードは，A→B→C→D→E→F→G→H→Iの順に探索される．

つぎに，深さ優先探索は縦型探索とも呼ばれ，図 7.2 (b) に示すように，ルートから始め，左側からエッジをなぞりながら下流の葉に到達するまで下ってい

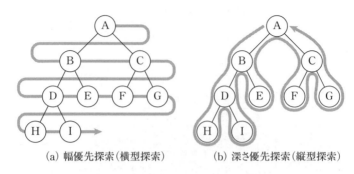

(a) 幅優先探索（横型探索）　　(b) 深さ優先探索（縦型探索）

図 7.2　順序木を用いた探索方法

き，行き止まりになると親に戻り，またつぎのノードへと繰り返したどっていく。

　ここで，2つの子をもつノードについて走査の過程に注目すると，3回の通過が認められる。すなわち，①当該ノードの左側の子の子孫を走査する場合，②左側の子孫の走査を終了し，当該ノードまで戻り，右の子の子孫の走査を開始する場合，③右の子の子孫の走査を終了し，戻ってきた場合である。この3回の走査のうち，どのタイミングで探索するかにより，**行きがけ順**（pre-order），**通りがけ順**（in-order），**帰りがけ順**（post-order）に分類されている。図 7.3 は深さ優先探索の 3 つの種類を示している。

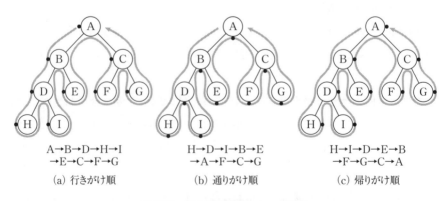

(a) 行きがけ順　　(b) 通りがけ順　　(c) 帰りがけ順

図 7.3　深さ優先探索の 3 つの種類

7.2 2分探索木

(1) 2分探索木とは

木の各ノードが，左の子と右の子の2つの子を有することができる木を2分木（binary tree）と呼ぶ。なお，2分木は，2つの子の一方または両方が存在しなくてもよい。また，ルートから下方のレベルへノードが詰まり，同一レベルでは左から右へノードが詰まっている2分木を**完全2分木**（complete binary tree）と呼ぶ。

そして，ここで扱う**2分探索木**（binary search tree）は，以下の条件を満たす2分木である。

・左部分木のノードのキー値は，そのノードのキー値より小さい。
・右部分木のノードのキー値は，そのノードのキー値より大きい。

(2) 実　装

図7.4に2分探索木を構成するノードクラス Node<K,V> を示す。ここで，Kはキー，Vはデータを示す。図に示すように，左部分木のノードへの参照 left と，右部分木のノードへの参照 right が追加されていることに注意する。

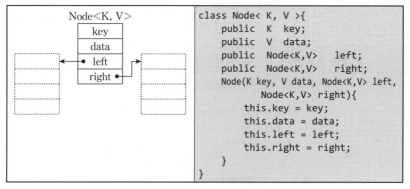

図7.4　2分探索木のノードの構成図とクラス記述

プログラム 7.1 に 2 分探索木のプログラムを，プログラム 7.2 にテストプログラムと実行結果を示す．ここでは，Student クラス（プログラム 1.2）の 4 つのインスタンス（キー値 = 0, 1, 2, 3）を 2 分探索木に登録し，「キー値 = 2」であるデータの検索結果と，登録されていない「キー値 = 100」のデータの検索結果を示している．

プログラム 7.1　2 分探索木（BinTree.java）

```java
1   // BinTree.java     (7-1)
2   import java.util.Comparator;
3   class Node<K,V> {
4       public K key;
5       public V data;
6       public Node<K,V> left;
7       public Node<K,V> right;
8       Node(K key, V data, Node<K,V> left, Node<K,V> right) {
9           this.key   = key;  this.data  = data;
10          this.left  = left; this.right = right;
11      }
12      K getKey() {return key;}
13      V getValue() {return data;}
14      void print() {System.out.println(data);}
15  }
16  public class BinTree<K,V> {
17      private Node<K,V> root;
18      private Comparator<? super K> comparator = null;
19      public BinTree( ) { root = null; }
20      public BinTree( Comparator<? super K> c ) { this(); comparator = c; }
21      private int comp( K key1,  K key2 ) {
22          return (comparator == null) ?((Comparable<K>)key1).compareTo(key2)
23                                     : comparator.compare(key1, key2);
24      }
25      public V search( K   key ) {
26          Node<K, V> p = root;
27          while( true ) {
28              if( p == null ) return  null;
29              int   cond = comp(key, p.getKey( ) );
30              if( cond == 0 ) return  p.getValue();
31              else if (cond < 0)   p = p.left;
32              else  p = p.right;
33          }
34      }
35      private void addNode(Node<K,V> node, K key, V data) {
36          int cond = comp(key, node.getKey());
37          if ( cond == 0 )   return;
38          else if ( cond < 0 ) {
```

7.2 2分探索木

```
39          if ( node.left == null )
40              node.left = new Node<K,V>(key, data, null, null);
41          else
42              addNode(node.left, key, data);
43      } else {
44          if ( node.right == null )
45              node.right = new Node<K,V>(key, data,null, null);
46          else  addNode(node.right, key, data);
47      }
48  }
49  public void add( K key, V data ) {
50      if ( root == null )  root = new Node<K,V>( key, data, null, null );
51      else  addNode( root, key, data );
52  }
53  public boolean remove( K key ) {
54      Node<K, V> p = root;
55      Node<K, V> parent = null;
56      boolean isLeftChild = true;
57      while ( true ) {
58          if ( p == null )  return  false;
59          int cond = comp( key, p.getKey( ) );
60          if ( cond == 0)  break;
61          else {
62              parent = p;
63              if ( cond < 0 ) { isLeftChild = true;  p = p.left;
64              } else { isLeftChild = false; p = p.right;}
65          }
66      }
67      if (p.left == null) {
68          if (p == root)  root = p.right;
69          else if ( isLeftChild ) parent.left  = p.right;
70          else  parent.right = p.right;
71      } else if ( p.right == null ) {
72          if (p == root)  root = p.left;
73          else if ( isLeftChild ) parent.left = p.left;
74          else  parent.right = p.left;
75      } else {
76          parent = p;
77          Node<K,V> left = p.left;
78          isLeftChild = true;
79          while ( left.right != null ) {
80              parent = left;
81              left = left.right;
82              isLeftChild = false;
83          }
84          p.key  = left.key;
85          p.data = left.data;
86          if ( isLeftChild )  parent.left  = left.left;
87          else   parent.right = left.left;
```

```
 88        }
 89        return true;
 90    }
 91    private void printSubTree(Node node) {
 92        if (node != null) {
 93            printSubTree(node.left);
 94            System.out.println("key = "+node.key + "  value = " + node.data);
 95            printSubTree(node.right);
 96        }
 97    }
 98    public void print() { printSubTree(root); }
 99 }
```

プログラム 7.2　2分探索木のテスト（BinTreeApp.java）

```
 1  // BinTreeApp.java    (7-2)
 2  public class BinTreeApp<K,V> {
 3      public static void main(String[] args) {
 4          Student[] s = new Student[4];
 5          s[0] = new Student( 1, "T", 64); s[1] = new Student( 2, "C", 28);
 6          s[2] = new Student( 3, "N", 61); s[3] = new Student( 4, "K", 29);
 7          BinTree<Integer, Student> tree = new BinTree<>();
 8          tree.add(0, s[0]);     tree.add(1, s[1]);
 9          tree.add(2, s[2]);     tree.add(3, s[3]);
10          tree.print();
11          System.out.println("search(2) = "+tree.search(2));
12          System.out.println("search(100) = "+tree.search(100));
13      }
14  }
```

実行結果

```
key= 0    value=   1 T 64
key= 1    value=   2 C 28
key= 2    value=   3 N 61
key= 3    value=   4 K 29
search(2) =   3 N 61
search(100) = null
```

7.3　ヒープソート

(1) アルゴリズム

ヒープ（heap）は，半順序集合を木で表現したデータ構造である。木構造において，子ノードは親ノードよりつねに小さいか等しい（大きいか等しい）という制約をもつものである。ただし，子ノード間の大小関係がないの

で半順序木である。親ノードが子ノードより大きい場合を**最大ヒープ**（max-heap property），親ノードが子ノードより小さい場合を**最小ヒープ**（min-heap property）と呼ぶ。また，ヒープは最大値（または，最小値）が，つねにルートノードとなるために，この性質を利用したソートが**ヒープソート**（heap sort）である。

ヒープソートは，リストのソートに2分ヒープデータ構造を用いるアルゴリズムである。**2分ヒープ**（binary heap）は，「親ノードの値が，その2つの子ノードの値よりも大きいか等しい（または，小さいか等しい）ような順序で格納されるという条件を満たす完全2分木」である。以下では，降順にソートするヒープソートを説明する。

図7.5に示すように，2分木は配列を用いて表すことができる。すなわち，2分木のルートから順に木の下流に向けて配列に格納していく。このようにすると，2分木の親子関係は，配列のインデックス k を用いて簡単に表すことができる。

配列の要素 a[k] に対して，以下の関係がある。

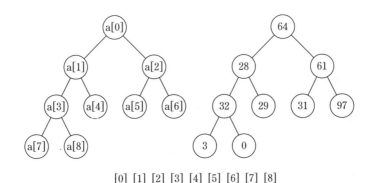

図7.5 配列と2分木との対応

- 親　　：　a[(k − 1) /2]
- 左の子：　a[2 × k + 1]
- 右の子：　a[2 × k + 2]

さて，図 7.5 の 2 分木は，「親ノードの値 ≧ 子ノード値」の条件を満たしていないのでヒープではない。ヒープソートでは，まず，2 分木をヒープ化する必要がある。図 7.6 に，ヒープ化した 2 分木を示す。

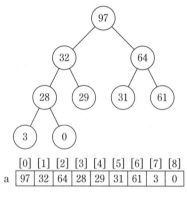

図 7.6 ヒープ化された入力データ

図 7.7 にヒープソートのフローチャートを示す。図に示すように，ヒープソートのアルゴリズムは，以下の 2 段階で構成されている。

1　配列をヒープ化する。

2　ルートノード（最大値）を取り出し，ソート済みのリストに追加する。
　この処理をすべての要素を取り出すまで繰り返す。

ヒープソートは安定ではなく，時間計算量は O($n \log n$) である。

(2) 実　装

プログラム 7.3 にヒープソートのプログラムを，プログラム 7.4 にそのテストプログラムと実行結果を示す。これらのプログラムは，図 7.7 のフロー

7.3 ヒープソート

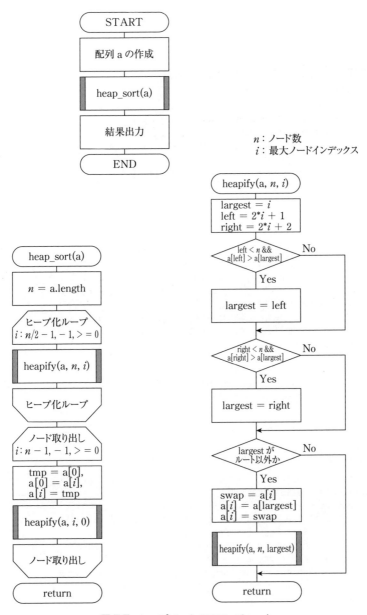

図 7.7 ヒープソートのフローチャート

チャートに従ったものである．ヒープソートの本体は，heap_sort( ) メソッドとして記述してある．

プログラム 7.3 ヒープソート (HeapSort.java)

```java
1   // HeapSort.java      (7-3)
2   public class HeapSort {
3       public static void heap_sort(int[] a) {
4           int n = a.length;
5           for (int i=n/2-1; i>= 0; i--) heapify(a, n, i);
6           for (int i=n-1; i>=0; i--) {
7               int tmp = a[0]; a[0] = a[i]; a[i] = tmp;
8               heapify(a, i, 0); System.out.print("i= "+i+"  : ");print_data(a);
9           }
10      }
11      public static void heapify(int a[], int n, int i) {
12          int largest = i;      // initialize largest as root
13          int l = 2*i + 1;      // left = 2*i + 1
14          int r = 2*i + 2;      // right = 2*i + 2
15          if (l < n && a[l] > a[largest]) largest = l;
16          if (r < n && a[r] > a[largest]) largest = r;
17          if (largest != i) {
18              int swap = a[i]; a[i] = a[largest]; a[largest] = swap;
19              heapify(a, n, largest);
20          }
21      }
22      public static void print_data (int[] a ){
23          for( int i=0; i<a.length; i++) System.out.printf("%2d  ", a[i]);
24          System.out.println();
25      }
26  }
```

プログラム 7.4 ヒープソートのテスト (HeapSortApp.java)

```java
1   // HeapSortApp.java      (7-4)
2   public class HeapSortApp {
3       public static void main(String args[]) {
4           int[ ] a = { 64, 28, 61, 32, 29, 31, 97, 3, 0 };
5           HeapSort hs = new HeapSort ();
6           System.out.print("Before: "); hs.print_data(a);
7           hs.heap_sort( a );
8           System.out.print("After:  "); hs.print_data(a);w
9       }
10  }
```

7.3 ヒープソート

実行結果

```
Before: 64 28 61 32 29 31 97  3  0
i= 8  : 64 32 61 28 29 31  0  3 97
i= 7  : 61 32 31 28 29  3  0 64 97
i= 6  : 32 29 31 28  0  3 61 64 97
i= 5  : 31 29  3 28  0 32 61 64 97
i= 4  : 29 28  3  0 31 32 61 64 97
i= 3  : 28  0  3 29 31 32 61 64 97
i= 2  :  3  0 28 29 31 32 61 64 97
i= 1  :  0  3 28 29 31 32 61 64 97
i= 0  :  0  3 28 29 31 32 61 64 97
After:   0  3 28 29 31 32 61 64 97
```

このメソッドは，まず，入力データ（$n = 9$）をヒープ化するために，$i = n/2 - 1 = 3$から始めて，2，1と変更しながらheapify(a, 9, i) メソッドを呼び出す。この結果，入力データは，図7.6のようにヒープ化される。

このデータを用いたヒープソートの処理過程を図7.8に示す。まず，最大値の要素がルートに格納されているので，それを配列の要素と交換する。つぎに，処理対象配列の要素数を1つ減じて（$n = 8$），再度heapify(a, 8, 0) メソッドを呼び出す。この処理を繰り返すと，昇順にソートされた結果が得られる。

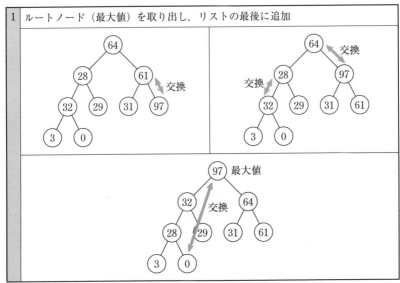

図7.8　ヒープソートの処理過程

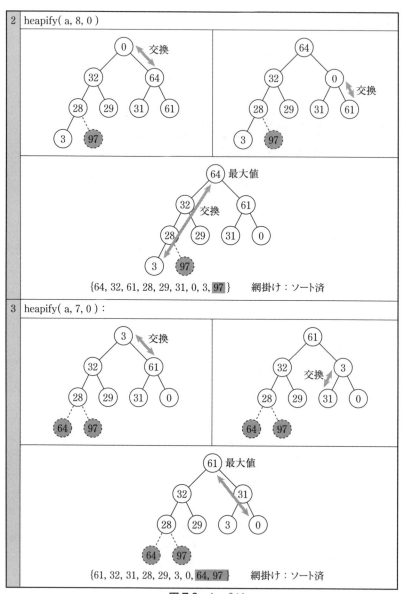

図 7.8 （つづき）

7.4 関連プログラム　　　　　　　　　　　　　113

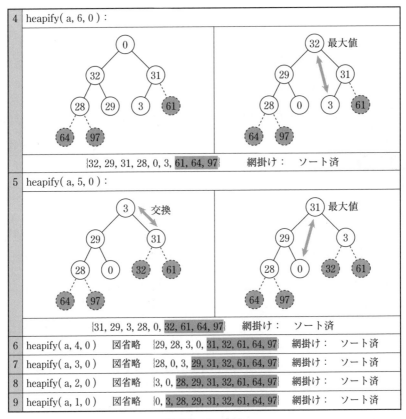

図 7.8　（つづき）

7.4　関連プログラム

・再帰を用いた 2 分探索

2 分探索は，プログラム 7.5 に示すように再帰を用いても実装できる．

プログラム 7.5　再帰を用いた 2 分探索（BinarySearch_rec.java）

```java
// BinarySearch_rec.java    (7-5)
public class BinarySearch_rec{
    public static int bs2( int[ ] a, int key, int lo, int hi ){
        int mid = ( lo + hi ) / 2;
        if( a[ mid ] == key ) return ( mid );
```

```
  6        if( hi < lo ) return ( -1 );
  7        if( a[ mid ] > key ) return bs2( a, key, lo, mid-1 );
  8        else return bs2( a, key, mid+1, hi );
  9    }
 10    public static void main( String[ ] args ){
 11        int[ ] a ={ 0, 3, 28, 29, 31, 32, 61, 64, 97 };
 12        int  key = 64;
 13        int  res = bs2( a, key, 0, 8 );
 14        System.out.println( "key = "+ key+ "   index = "+ res );
 15    }
 16 }
```

実行結果 ・・ key = 64   index = 7

演習問題

7-1 節点 1, 2, …, n をもつ木を表現するために，大きさ n の整数型配列 A[1]，A[2]，…，A[n] を用意して，節点 i の親の節点を A[i] に格納する．節点 k が根の場合は A[k] = 0 とする．表に示す配列が表す木の葉の数は，いくつか．

i	1	2	3	4	5	6	7	8
A[i]	0	1	1	3	3	5	5	5

ア 1　　イ 3　　ウ 5　　エ 7

7-2 データ構造の1つである木構造に関する記述として適切なものはどれか．
　ア　階層の上位から下位に節点をたどることによって，データを取り出すことができる構造である．
　イ　格納した順序でデータを取り出すことができる構造である．
　ウ　格納した順序とは逆の順序でデータを取り出すことができる構造である．
　エ　データ部と1つのポインタ部で構成されるセルをたどることによって，データを取り出すことができる構造である．

7-3 10個の節（ノード）からなるつぎの2分木の各節に，1から10までの値を一意に対応するように割り振ったとき，節 a, b の値の組合せはどれになるか．ここで，各節に割り振る値は，左の子およびその子孫に割り振る値より大きく，右の子およびその子孫に割り振る値より小さくする．

演習問題　*115*

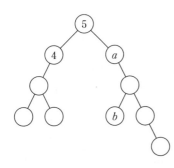

ア　$a = 6,\ b = 7$
イ　$a = 6,\ b = 8$
ウ　$a = 7,\ b = 8$
エ　$a = 7,\ b = 9$

7-4 2分木の走査の方法には，その順序によってつぎの3つがある。
(1) 前順：節点，左部分木，右部分木の順に走査する。
(2) 間順：左部分木，節点，右部分木の順に走査する。
(3) 後順：左部分木，右部分木，節点の順に走査する。
図に示す2分木に対して前順に走査を行い，節の値を出力した結果はどれか。

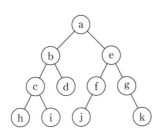

ア　abchidefjgk
イ　abechidfjgk
ウ　hcibdajfegk
エ　hicdbjfkgea

7-5 つぎの2分探索木から要素12を削除したとき，その位置に別の要素を移動する

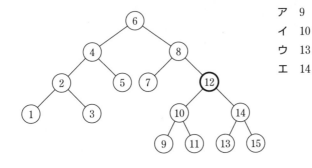

ア　9
イ　10
ウ　13
エ　14

7-6 2分木の各ノードがもつ記号を出力する再帰的なプログラム Proc(ノード n) は，つぎのように定義される。このプログラムを，図の2分木の根（最上位ノード）に適用したときの出力はどれか。

```
Proc( ノード n ){
    n に左の子 l があれば Proc( l ) を呼び出す
    n に右の子 r があれば Proc( r ) を呼び出す
    n に書かれた記号を出力する
}
```

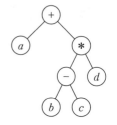

ア　$+ a * - bcd$　　イ　$a + b - c*d$
ウ　$abc - d* +$　　エ　$b - c*d + a$

7-7 すべての葉が同じ深さをもち，葉以外のすべての節点が2つの子をもつ2分木に関して，節点数と深さの関係を表す式はどれか。ここで，n は節点数，k は根から葉までの深さを表す。例に示す2分木の深さ k は2である。

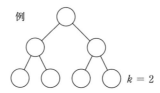

ア　$n = k(k+1) + 1$　　イ　$n = 2^k + 3$
ウ　$n = 2^{k+1} - 1$　　エ　$n = (k-1)(k+1) + 4$

第8章 探 索

　これまで，配列，連結リスト，スタックおよびキューのデータ構造を説明してきた。ここからは，このようなデータ構造を用いた重要なアプリケーションについて述べていく。本書で取り扱うアプリケーションは，データの**探索**（search）と**ソーティング**（sorting）である。

　本章では，探索について説明し，それらの実装方法について説明する。実装においては，理解が容易になるように取り扱うデータは，主として int 型に限定して説明する。以下の説明では，各探索の入力データとして図 8.1 に示す 9 つの int 型のデータが格納されている配列を使用する。

	[0]	[1]	[2]	[3]	[4]	[5]	[6]	[7]	[8]
a	64	28	61	32	29	31	97	3	0

図 8.1　配列（入力データ）

8.1　線形探索

(1) アルゴリズム

　探索の中で最も簡単なアルゴリズムは，**線形探索**（liner search）である。この方法は，配列やリスト内のデータの探索の際に，先頭から順にキーと比較を行い，それが見つかれば終了するものである。

　アルゴリズムの性能を評価する指標の1つとして，**O 記法**（big O: ビックオー）がある。この指標は，そのアルゴリズムをコンピュータで実行するために要する時間のことであり，**時間計算量**（time complexity）と呼ばれている。線形探索の計算量は，対象とするデータ数を n とすると $O(n)$ である。また，もう1つの指標である**空間計算量**（space complexity）は，どのくらい記憶域やファイル域が必要であるかを示すものである。図 8.2 に線形探索のフロー

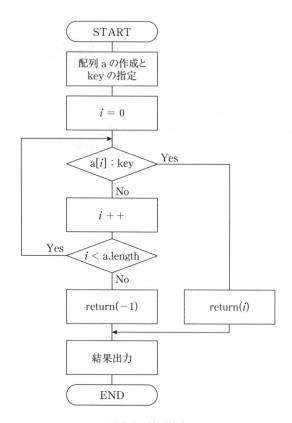

図 8.2 線形探索

チャートを示す。

(2) 実 装

図 8.1 のデータを入力する。プログラムと実行結果をプログラム 8.1 に示す。このプログラムは，図 8.2 のフローチャートに従ったものである。線形探索の本体は，linearSearch( ) メソッドとして記述してある。このメソッドは，探索成功時にそのインデックスを，失敗時に（−1）を返す。本例では，探索 key = 61 の要素が，配列 a のインデックス 2 で見つかったことを示している。

プログラム 8.1　線形探索（LinearSearch.java）

```java
// LinearSearch.java    (8-1)
public class LinearSearch{
    public static int linearSearch( int[] a, int key ){
        int i = 0;
        while( i < a.length ){
            if( a[i] == key ) return i;
            i++;
        }
        return (-1);
    }
    public static void main( String[] args ){
        int[] a = {64, 28, 61, 32, 29, 31, 97, 3, 0};
        int key = 61;
        int res = linearSearch ( a, key );
        System.out.println("index = "+res );
    }
}
```

実行結果 ・・　index = 2

8.2　番兵を用いた線形探索

(1) アルゴリズム

　前述の線形探索のフローチャート（図 8.2）を見ると，ループの中に if 文が2つ含まれていることがわかる。すなわち，①探索キー（key）と要素（a[i]）が一致するか，②探索の終わりに到達したか，の2つが存在している。線形探索に**番兵**（sentinel）を用いることによって，ループの中の2つの if 文を1つにすることができる。これにより前述のプログラムは，高速に動作するプログラムに改造することができる。図 8.3 は番兵を用いた線形探索のフローチャートである。図に示すように，配列の最後に探索 key の要素を追加することにより，必ず if 文での比較が成功するようになっていることに注意する。

　この最後に追加した要素を番兵と呼ぶ。このようにすることによって，前述の②の比較（探索の終わりに到達したか）をループから排除している。そして，ループ脱出後のインデックスの値により，探索が成功したのか，失敗したのかを判定している。インデックスが番兵の位置であれば，探索成功，そうで

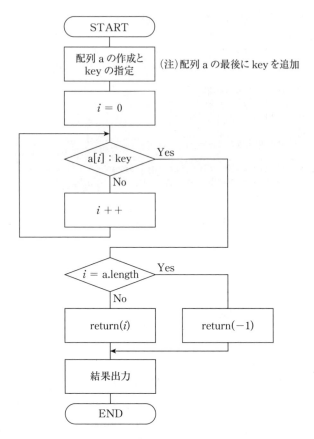

図 8.3　番兵を用いた線形探索

なければ探索失敗である。

(2) 実　装

　図 8.4 は，配列 a の最後に番兵が追加されている様子を示しており，このデータを入力する。プログラムと実行結果をプログラム 8.2 に示す。このプロ

	[0]	[1]	[2]	[3]	[4]	[5]	[6]	[7]	[8]	[9]
a	64	28	61	32	29	31	97	3	0	61

図 8.4　配列（入力データ；a=[9] に番兵を追加）

グラムは，図 8.3 のフローチャートに従ったものである。番兵を用いた線形探索の本体は，linearSearch_sentinel( ) メソッドとして記述してある。このメソッドは，探索成功時にそのインデックスを，失敗時に（−1）を返す。本例では，探索 key = 61 の要素が，配列 a のインデックス 2 で見つかり，探索 key = 100 の要素は見つからなかったことを示している。

プログラム 8.2　番兵を用いた線形探索（LinearSearch2.java）

```
1   // LinearSearch2.java       (8-2)
2   public class LinearSearch2{
3       public static int linearSearch_sentinel ( int[] a, int key ){
4           int i = 0;
5           while( a[i] != key ){ i++;}
6           if( i == a.length-1 ) return ( -1 );
7           else return( i );
8       }
9       public static void main( String[] args ){
10          int[] a = {64, 28, 61, 32, 29, 31, 97, 3, 0, -1};
11          int key = 61; a[a.length - 1] = key;
12          int res = linearSearch_sentinel ( a, key );
13          System.out.println( "key = "+key+" index = "+res );
14          key = 100; a[a.length - 1] = key;
15          res = linearSearch_sentinel ( a, key );
16          System.out.println("key = "+key+" index = "+res );
17      }
18  }
```

実行結果
```
key = 61  index = 2
key = 100  index = -1
```

8.3　2 分探索

(1) アルゴリズム

　探索する配列の要素があらかじめソーテイングされている場合には，効率の良いアルゴリズムとして，**2 分探索**（binary search）が知られている。このアルゴリズムは，配列の半分の位置（mid）の要素 a[mid] と探索キー（key）を比較し，もし一致しなければ，順次探索空間を半分に削減していく方法である。すなわち，mid より key が大きい場合は，key 以降の部分のみ探索すれば

よいことがわかる。逆の場合は，key 以前の部分のみ探索すればよい。このような手続きを key と一致する要素が発見されるまで繰り返す。探索する配列の要素が1となっても，key と一致する要素がない場合は，探索失敗である。

このように探索空間を 1/2 ずつ削減しながら探索をする方法が 2 分探索であり，時間計算量は $O(\log_2 n)$ である。例えば，$n = 1024 = 2^{10}$ では，線形探索では，平均 $n/2 = 1024 / 2 = 512$ 回の比較が必要であるが，2 分探索の場合

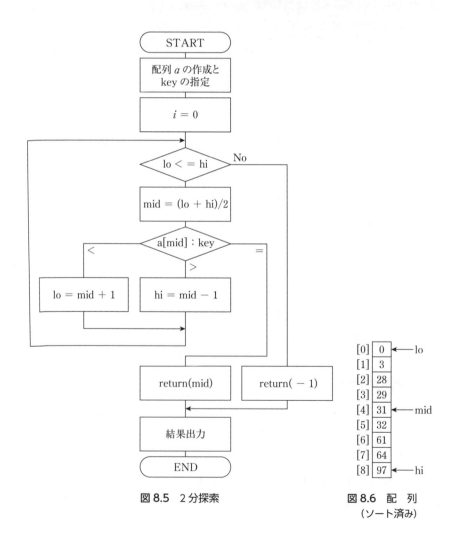

図 8.5　2 分探索　　　　　　　図 8.6　配　列
　　　　　　　　　　　　　　　　（ソート済み）

は $\log_2 2^{10} = 10$ 回の比較となり，効率的なアルゴリズムであることがわかる。また，最大比較回数は $(\log_2 n + 1)$ である。図 8.5 にそのフローチャートを示す。

(2) 実　装

図 8.6 は，配列 a に 9 つの int 型のソートされたデータが格納されている様子を示しており，このデータを入力するプログラムと実行結果をプログラム 8.3 に示す。

プログラム 8.3　2 分探索 (BinerySearchApp.java)

```
1  // BinarySearchApp.java          (8-3)
2  public class BinarySearchApp{
3     public static int binarySearch( int[ ] a, int key ){
4        int lo = 0;
5        int hi = a.length;
6        while( lo <= hi ){
7           int mid = ( lo + hi )/2;
8           if( a[ mid ] == key )  return( mid );
9           if( a[ mid ] > key ) hi = mid - 1;
10          else  lo = mid + 1;
11       }
12       return ( -1 ) ;
13    }
14    public static void main( String[ ] args ){
15       int[ ] a = { 0, 3, 28, 29, 31, 32, 61, 64, 97 };
16       int key = 64;
17       int res = binarySearch( a, key);
18       System.out.println( "key = "+ key+ "   index = "+ res );
19    }
20 }
```

実行結果　　key = 64   index = 7

このプログラムは，図 8.5 のフローチャートに従ったものである。2 分探索の本体は，binarySearch( ) メソッドとして記述してある。このメソッドは，探索成功時にそのインデックスを，失敗時に (-1) を返す。本例では，探索 key = 64 の要素が，配列 a のインデックス 7 で見つかったことを示している。

8.4 ハッシュ法

(1) ハッシュ法とは

ハッシュ法（hash method）は，データ探索を効率よく処理するためのアルゴリズムである。データがソート済であれば，2分探索により O(log n) で探索 key の要素を見つけることが可能である。しかし，データの格納位置を計算で決定し，その位置に格納しておけば，データの探索は O(1) で可能となる。ハッシュ法とは，キー値をハッシュ関数（hash function）により計算したハッシュ値（hash value）を用いて，データの追加，削除，探索を効率よく処理する技法である。ハッシュ値を求めることは，ハッシング（hashing）ともいわれる。また，ハッシュテーブル（hash table）は，キー値とハッシュ値を表にしたものである。

(2) ハッシュ関数

ハッシュ関数は，図 8.7 に示すように，キー値 x が入力されると，ハッシュ関数 $h(x)$ を用いて計算され，ハッシュ値が得られる。ハッシュ関数は任意であるが，以下の説明では「キーの値を 13 で割った余り」とする。すなわち，$h(x) = x \% 13$ である。

図 8.1 の配列（入力データ）を用いてハッシュテーブルを作成すると，図 8.8 のようになる。

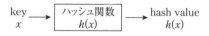

図 8.7　ハッシング

x	64	28	61	32	29	31	97	3	0
$h(x)$	12	2	9	6	3	5	6	3	0

図 8.8　ハッシュテーブル（$h(x) = x \% 13$）

(3) 衝突の回避方法

入力データの配列は，a = {64, 28, 61, 32, 29, 31, 97, 3, 0} であるので，ハッシュ関数 $h(\mathrm{a}[i]) = \mathrm{a}[i]\ \%13\ (i = 0, 1, \cdots, 8)$ を適用すると，ハッシュ値 {12, 2, 9, 6, 3, 5, 6, 3, 0} が得られる．ここで，a[4] = 29 と a[7] = 3 のハッシュ値は，いずれも 3 が得られる．同様に，a[3] = 32 と a[6] = 97 のハッシュ値は，いずれも 6 が得られる．このように，ハッシュ値が重複することを**衝突** (collision) という．衝突が発生した場合の対処法として，以下の 2 つの方法がある．

・チェイン法：同一のハッシュ値をもつ要素を線形リストで管理する．
・オープンアドレス法：再ハッシュ関数により空きが見つかるまで繰り返す．

(4) チェイン法による衝突回避

チェイン法 (chaining) による衝突回避の例を図 8.9 に示す．チェイン法は，同一のハッシュ値をもつ要素を線形リストに追加する方法である．要素の削除も線形リストの削除で実現可能である．

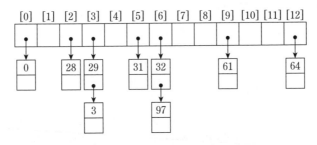

図 8.9 ハッシングで用いられるデータ構造（チェイン法）

(5) チェイン法の実装

図 8.1 の入力データをもとに，チェイン法によるデータの挿入と検索プログラムを作成する．プログラムは，プログラム 1.2 に示した Student クラスを用いて，プログラム 8.4 にチェイン法によるハッシュクラスを，プログラム 8.5 にそのテスト用クラスとその実行結果を示す．

プログラム 8.4 チェイン法によるハッシュ (HashChain.java)

```java
1   // HashChain.java      (8-4)
2   class Node<K,V>{
3       public K key;
4       public V data;
5       public Node<K,V> next;
6       Node(K key, V data, Node<K,V> next){
7           this.key = key; this.data = data; this.next = next;
8       }
9       K getKey(){ return key; }
10      V getValue(){ return data; }
11      public int hashCode(){ return key.hashCode(); }
12  }
13  public class HashChain<K,V>{
14      private int size;
15      private Node<K,V>[] table;
16      HashChain(int capacity) {
17          try {
18              table = new Node[capacity];
19              this.size = capacity;
20          } catch (OutOfMemoryError e) {
21              this.size = 0;
22          }
23      }
24      public int hashValue(K key) {return key.hashCode() % size;}
25      public V search(K key) {
26          int hash = hashValue(key);
27          Node<K,V> p = table[hash];
28          while (p != null) {
29              if (p.getKey().equals(key))return p.getValue();
30              p = p.next;
31          }
32          return null;
33      }
34      public int add(K key, V data) {
35          int hash = hashValue(key);
36          Node<K,V> p = table[hash];
37          while (p != null) {
38              if (p.getKey().equals(key))return 1;
39              p = p.next;
40          }
41          Node<K,V> temp = new Node<K,V>(key, data, table[hash]);
42          table[hash] = temp;
43          return 0;
44      }
45      public int remove(K key) {
46          int hash = hashValue(key);
47          Node<K,V> p = table[hash];
```

8.4 ハッシュ法

```
48              Node<K,V> pp = null;
49              while (p != null) {
50                  if (p.getKey().equals(key)) {
51                      if (pp == null)  table[hash] = p.next;
52                      else pp.next = p.next;
53                      return 0;
54                  }
55                  pp = p; p = p.next;
56              }
57              return -1;
58          }
59          public void dump() {
60              for (int i=0; i<size; i++) {
61                  Node<K,V> p = table[i];
62                  System.out.printf("%02d  ", i);
63                  while (p != null) {
64                      System.out.printf(" → %s (%s)  ",
65                          p.getKey(), p.getValue());
66                      p = p.next;
67                  }
68                  System.out.println();
69              }
70          }
71      }
```

プログラム 8.5 チェイン法によるハッシュのテスト（HashChainApp.java）

```
 1  // HashChainApp.java       (8-5)
 2  public class HashChainApp{
 3      public static void main( String[] args){
 4          Student[] s = new Student[9];
 5          s[0] = new Student( 1, "T", 64); s[1] = new Student( 2, "C", 28);
 6          s[2] = new Student( 3, "N", 61); s[3] = new Student( 4, "Y", 32);
 7          s[4] = new Student( 5, "K", 29); s[5] = new Student( 6, "N", 31);
 8          s[6] = new Student( 7, "M", 97); s[7] = new Student( 8, "Y",  3);
 9          s[8] = new Student( 9, "Y",  0);
10          HashChain<Integer,Student> hash = new HashChain<>(13);
11          hash.add( 64, s[0] ); hash.add( 28, s[1] );
12          hash.add( 61, s[2] ); hash.add( 29, s[3] );
13          hash.add( 32, s[4] ); hash.add( 31, s[5] );
14          hash.add( 97, s[6] ); hash.add(  3, s[7] );
15          hash.add(  0, s[8] );
16          hash.dump();
17          System.out.println("search(32) = "+hash.search(32));
18      }
19  }
```

実行結果

```
00  → 0 ( 9 Y 0 )
01
02  → 28 ( 2 C 28 )
03  → 3 ( 8 Y 3 )  → 29 ( 4 Y 32 )
04
05  → 31 ( 6 N 31 )
06  → 97 ( 7 M 97 )  → 32 ( 5 K 29 )
07
08
09  → 61 ( 3 N 61 )
10
11
12  → 64 ( 1 T 64 )
search(32) =  5 K 29
```

(6) オープンアドレス法による衝突回避

オープンアドレス法（open addressing）による衝突回避の例を図 8.10 に示す。オープンアドレス法は，同一のハッシュ値をもつ要素を再ハッシュ関数で空きが見つかるまで繰り返す方法である。再ハッシュ関数は任意である。ここでは，「キー値に 1 を加えて 13 で割った余り」とする。そうすると，$a[7] = 3$ に対する再ハッシュ値は，$(3+1)\%13 = 4\%13 = 4$ が求められる。同様に，$a[6] = 97$ は，$(97+1)\%13 = 7$ が得られる。インデックス 4, 7 は "空" であるので，格納することができる（網掛け部分）。

[0]	[1]	[2]	[3]	[4]	[5]	[6]	[7]	[8]	[9]	[10]	[11]	[12]
0		28	29	3	31	32	97		61			64

再ハッシュ関数 $h(\text{key} + 1)$

図 8.10 ハッシングで用いられるデータ構造（オープンアドレス法）

つぎに，図 8.10 のリストに 84 の要素を追加することを考える。$84\%13 = 6$ であるが，すでに値が格納されている。したがって，再ハッシュを実施すると，$(84+1)\%13 = 7$ が得られるが，ここにも値が格納されているので，さらに再ハッシュを実施する。そうすると，$(84+1+1)\%13 = 8$ が得られ，今度は "空" であるので追加が可能である。その状況を図 8.11 に示す。図の矢印は再ハッシュの様子を示している。

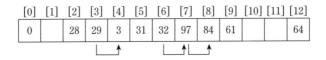

図 8.11 ハッシングで用いられるデータ構造

ここで，図 8.11 から 32 の要素を削除することを考える。ハッシュ値 6 には，要素 32 と再ハッシュによる要素 84 が保存されているので，要素 32 を削除すると，要素 84 へのアクセスが不可能になる。したがって，要素 32 を削除した場合には，"空（EMPTY）"とするのでなく，"削除済（DELETED）"の状態としておく。このようにすることによって，要素 84 へのアクセスが可能となる。

(7) オープンアドレス法の実装

図 8.1 の入力データをもとに，オープンアドレス法によるデータの挿入と検索プログラムを作成する。プログラムは，プログラム 1.2 に示した Student クラスを用いて，プログラム 8.6 にオープンアドレス法によるハッシュクラスを，プログラム 8.7 にそのテスト用クラスと実行結果を示す。

プログラム 8.6 オープンアドレス法によるハッシュ（HashOpen.java）

```
1  // HashOpen.java      (8-6)
2  enum STATUS { OCCUPIED, EMPTY, DELETED };
3  class Bucket<K,V>{
4      public K key;
5      public V data;
6      public STATUS status;
7      Bucket(){this.status = STATUS.EMPTY;}
8      void set(K key, V data, STATUS status){
9          this.key = key; this.data = data; this.status = status;
10     }
11     void setStat(STATUS status){ this.status = status;}
12     K getKey(){ return key; }
13     V getValue(){ return data; }
14     public int hashCode(){ return key.hashCode(); }
15 }
16 public class HashOpen<K,V>{
17     private int size;
18     private Bucket<K,V>[] table;
19     HashOpen(int size){
20         try{
21             table = new Bucket[size];
```

```
22            for( int i=0; i<size; i++) table[i]=new Bucket<K,V>();
23            this.size = size;
24        }catch(Exception e){this.size = 0;}
25    }
26    public int hashValue(K key) {return key.hashCode() % size;}
27    public int rehashValue(int hash){ return (hash + 1 )%size;}
28    private Bucket<K,V> searchNode(K key){
29        int hash = hashValue(key);
30        Bucket<K,V> p = table[hash];
31        for( int i=0; p.status != STATUS.EMPTY && i<size; i++){
32            if(p.status==STATUS.OCCUPIED && p.getKey().equals(key))
33                return p;
34            hash = rehashValue(hash);
35            p = table[hash];
36        }
37        return null;
38    }
39    public V search(K key) {
40        Bucket<K,V> p = searchNode(key);
41        if( p != null ) return p.getValue();
42        else return null;
43    }
44    public int add(K key, V data) {
45        if(search(key) != null ) return 1;
46        int hash = hashValue(key);
47        Bucket<K,V> p = table[hash];
48        for( int i=0; i<size; i++){
49            if( p.status==STATUS.EMPTY || p.status==STATUS.DELETED){
50                p.set(key, data, STATUS.OCCUPIED);
51                return 0;
52            }
53            hash = rehashValue(hash);
54            p = table[hash];
55        }
56        return -2; // hash full
57    }
58    public int remove(K key) {
59        Bucket<K,V> p = searchNode(key);
60        if( p == null ) return -1;   // not registered
61        p.setStat(STATUS.DELETED);
62        return 0;
63    }
64    public void dump() {
65        for (int i=0; i<size; i++) {
66            System.out.printf("%02d  ", i);
67            switch( table[i].status){
68                case OCCUPIED :
69                    System.out.printf("%s (%s) -- OCCUPIED -- ¥n",
70                        table[i].getKey(),table[i].getValue());
```

```
71                    break;
72                case EMPTY :
73                    System.out.println("-- EMPTY --");
74                    break;
75                case DELETED :
76                    System.out.println("-- DELETED --");
77                    break;
78            }
79        }
80    }
81 }
```

プログラム 8.7 オープンアドレス法によるハッシュのテスト（HashOpenApp.java）

```
1  // HashOpenApp.java       (8-7)
2  public class HashOpenApp{
3      public static void main( String[] args){
4          Student[] s = new Student[10];
5          s[0] = new Student( 1, "T", 64); s[1] = new Student( 2, "C", 28);
6          s[2] = new Student( 3, "N", 61); s[3] = new Student( 4, "Y", 32);
7          s[4] = new Student( 5, "K", 29); s[5] = new Student( 6, "N", 31);
8          s[6] = new Student( 7, "M", 97); s[7] = new Student( 8, "Y",  3);
9          s[8] = new Student( 9, "Y",  0); s[9] = new Student( 10, "A", 84);
10         HashOpen<Integer,Student> hash = new HashOpen<>(13);
11         hash.add( 64, s[0] ); hash.add( 28, s[1] );
12         hash.add( 61, s[2] ); hash.add( 29, s[3] );
13         hash.add( 32, s[4] ); hash.add( 31, s[5] );
14         hash.add( 97, s[6] ); hash.add(  3, s[7] );
15         hash.add(  0, s[8] );
16         hash.dump();
17         System.out.println("search(32) = "+hash.search(32));
18         hash.add( 84, s[9] );
19         hash.remove( 32 );
20         System.out.println("search(84) = "+hash.search(84));
21     }
22 }
```

実行結果

```
00   0 ( 9 Y 0 ) -- OCCUPIED --
01   -- EMPTY --
02   28 ( 2 C 28 ) -- OCCUPIED --
03   29 ( 4 Y 32 ) -- OCCUPIED --
04   3 ( 8 Y 3 ) -- OCCUPIED --
05   31 ( 6 N 31 ) -- OCCUPIED --
06   32 ( 5 K 29 ) -- OCCUPIED --
07   97 ( 7 M 97 ) -- OCCUPIED --
08   -- EMPTY --
09   61 ( 3 N 61 ) -- OCCUPIED --
10   -- EMPTY --
11   -- EMPTY --
```

```
12  64 ( 1 T 64 ) -- OCCUPIED --
search(32) =  5 K 29
search(84) = 10 A 84
```

8.5 関連プログラム

・ジャンプ探索

ジャンプ探索（jump search）は，ソートされた配列の探索アルゴリズムである。基本的な考え方は，すべての要素を検索する代わりにいくつかの要素をスキップすることによって，線形探索よりも少ない要素をチェックすることである。

例えば，サイズ n の配列 a[ ] があり，ブロック化されるサイズを m とすると，インデックス a[0], a[m], a[$2 \cdot m$], …, a[$k \cdot m$] などを探索する。探索要素を x とする場合，区間（a[$k \cdot m$] < x < a[$(k \cdot m + m)$]）を見つけたら，インデックス $k \cdot m$ から線形検索を実行して要素 x を見つける。ここで，最適な m を求める必要があるが，最悪の場合，n/m ジャンプしなければならない。最後にチェックした値が，探索対象の要素よりも大きい場合は，さらに $(m - 1)$ 回の比較を実行する。したがって，最悪の場合の比較回数は $(n/m + m - 1)$ である。この比較回数を m の関数と考えれば，$f(m) = n/m + m - 1$ であるので，その導関数 $f'(m) = -n \cdot m^2 + 1 = 0$ として最小値を求めると，$m = \sqrt{n}$ となり，これが最適なステップサイズである。プログラム 8.8 にジャンプ探索のテスト用クラスと実行結果を示す。

プログラム 8.8　ジャンプ探索（JumpSearch.java）

```
1  // JumpSearch.java      (8-8)
2  public class JumpSearch {
3      public static int jumpSearch(int[] a, int key) {
4          int n = a.length;
5          int step = (int)Math.floor(Math.sqrt(n)); // block size
6          int prev = 0;
7          while (a[Math.min(step, n)-1] < key) {
8              prev = step;
9              step += (int)Math.floor(Math.sqrt(n));
```

```
10          if (prev >= n) return -1;
11      }
12      while (a[prev] < key) {
13          prev++;
14          if (prev == Math.min(step, n)) return -1;
15      }
16      if (a[prev] == key) return prev;
17      return -1;
18  }
19  public static void print_data(int[] a ){
20      for( int i=0; i<a.length; i++ )System.out.printf("%2d ",a[i]);
21      System.out.println();
22  }
23  public static void main(String [ ] args) {
24      int a[] = { 0, 3, 28, 29, 32, 61, 64, 97};
25      int key = 61;
26      print_data( a );
27      int index = jumpSearch(a, key);
28      System.out.println("key= " + key +  " is at index " + index);
29  }
30 }
```

実行結果　　0 3 28 29 32 61 64 97
　　　　　　　key= 61 is at index 5

演習問題

8-1 探索方法とその実行時間のオーダの正しい組合せはどれか。ここで，探索するデータ数を n とし，ハッシュ値が衝突する（同じ値になる）確率は無視できるほど小さいものとする。また，実行時間のオーダが n^2 であるとは，n 個のデータを処理する時間が cn^2（c は定数）で抑えられることをいう。

	2分探索	線形探索	ハッシュ探索
ア	$\log_2 n$	n	1
イ	$n \log_2 n$	n	$\log_2 n$
ウ	$n \log_2 n$	n^2	1
エ	n^2	1	n

8-2 2分探索において，整列されているデータ数が4倍になると，最大探索回数はどうなるか。

　　ア　1回増える。　イ　2回増える。　ウ　約2倍になる。　エ　約4倍になる。

8-3 2分探索法に関するつぎの記述のうちで，適切なものはどれか。
　ア　データが昇順に並んでいるときだけ正しく探索できる。
　イ　データが昇順または降順に並んでいるときだけ正しく探索できる。
　ウ　データが昇順または降順に並んでいるほうが効率よく探索できる。
　エ　データの個数が偶数のときだけ正しく探索できる。

8-4 顧客番号をキーとして顧客データを検索する場合，2分探索を使用するのが適しているものはどれか。
　ア　顧客番号から求めたハッシュ値が指し示す位置に配置されているデータ構造
　イ　顧客番号に関係なく，ランダムに配置されているデータ構造
　ウ　顧客番号の昇順に配置されているデータ構造
　エ　顧客番号をセルに格納し，セルのアドレス順に配置されているデータ構造

8-5 昇順に整列された n 個のデータが格納されている配列 A がある。流れ図は，2

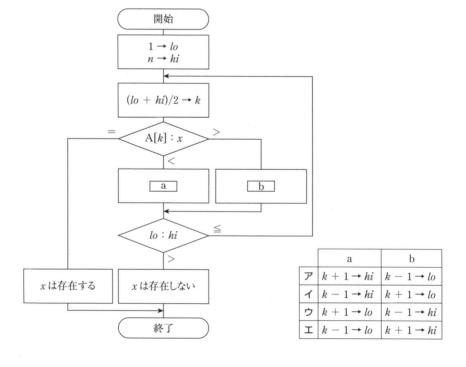

分探索法を用いて配列 A からデータ x を探し出す処理を表している。　a ，b に入る操作の正しい組合せはどれか。ここで，除算の結果は小数点以下が切り捨てられる。

8-6 整列された n 個のデータの中から，求める要素を 2 分探索法で探索する。この処理の計算量のオーダを表す式はどれか。

　　ア　$\log n$　　　　イ　n　　　　ウ　n^2　　　　エ　$n \log n$

8-7 16 進数で表される 9 個のデータ 1A, 35, 3B, 54, 8E, A1, AF, B2, B3 を順にハッシュ表に入れる。ハッシュ値をハッシュ関数 $f(データ) = \mathrm{mod}(データ, 8)$ で求めたとき，最初に衝突が起こる (すでに表にあるデータと等しいハッシュ値になる) のはどのデータか。ここで，$\mathrm{mod}(a, b)$ は a を b で割った余りを表す。

　　ア　54　　　イ　A1　　　ウ　B2　　　エ　B3

8-8 表探索におけるハッシュ法の特徴はどれか。
　　ア　2 分木を用いる方法の一種である。
　　イ　格納場所の衝突が発生しない方法である。
　　ウ　キーの関数値によって格納場所を決める。
　　エ　探索に要する時間は表全体の大きさにほぼ比例する。

8-9 0000～4999 のアドレスをもつハッシュ表があり，レコードのキー値からアドレスに変換するアルゴリズムとして基数変換法を用いる。キー値が 55550 のときのアドレスはどれか。ここで，基数変換法とは，キー値を 11 進数とみなし，10 進数に変換した後，下 4 桁に対して 0.5 を乗じた結果 (小数点以下は切捨て) をレコードのアドレスとする。

　　ア　0260　　　イ　2525　　　ウ　2775　　　エ　4405

8-10 アルファベット 3 文字で構成されるキーがある。つぎの式によってハッシュ値 h を決めるとき，キー "SEP" と衝突するのはどれか。ここで，$a \bmod b$ は，a を b で割った余りを表す。
　　$h =$ (キーの各アルファベットの順位の総和) $\mathrm{mod}\ 27$

アルファベット	順位	アルファベット	順位	アルファベット	順位
A	1	J	10	S	19
B	2	K	11	T	20
C	3	L	12	U	21
D	4	M	13	V	22
E	5	N	14	W	23
F	6	O	15	X	24
G	7	P	16	Y	25
H	8	Q	17	Z	26
I	9	R	18		

ア　APR　　イ　FEB　　ウ　JAN　　エ　NOV

8-11 5けたの $a_1 a_2 a_3 a_4 a_5$ をハッシュ法を用いて配列に格納したい。ハッシュ関数を $\mathrm{mod}(a_1 + a_2 + a_3 + a_4 + a_5, 13)$ とし，求めたハッシュ値に対応する位置の配列要素に格納する場合，54321 はつぎの配列のどの位置に入るか。ここで，$\mathrm{mod}(x, 13)$ の値は x を 13 で割った余りとする。

ア　1　　イ　2　　ウ　7　　エ　11

位置	配列
0	
1	
2	
⋮	⋮
11	
12	

8-12 キー値が 1 〜 1000000 の範囲で一様にランダムであるレコード 3 件を，大きさ 10 のハッシュ表に登録する場合，衝突が起こらない確率はいくらか。ここで，ハッシュ値にはキー値をハッシュ表の大きさ 10 で割った余りを用いる。

ア　0.28　　イ　0.7　　ウ　0.72　　エ　0.8

第9章 ソート（その1）

　データを特定の規則によって並べ替えることを**ソート**（sort）という。日本語訳は整列である。ソートには，値の小さいほうから大きいほうへ順に並べる**昇順**（ascending order），逆に，値の大きいほうから小さいほうへ順に並べる**降順**（descending order）がある。ソートは，さまざまなアプリケーションで使われるため，古くから多くのアルゴリズムが考案されてきた。その種類が多いため，本章と次章の2回に分けて説明する。

　本章では，バブルソート，選択ソート，挿入ソートについて説明し，それらの実装方法について述べる。時間計算量は，いずれのソートも$O(n^2)$と遅い。以下の説明では各ソートの入力データとして図9.1に示す5つのint型のデータが格納されている配列を使用する。

	[0]	[1]	[2]	[3]	[4]
a	64	28	61	32	29

図 9.1　配列（入力データ）

9.1　ソートとは

　まず，ソートについて下記のキーワードについて説明する。

(1) 安定性

　ソートが**安定**（stable）であるとは，同一の値を有する要素の並びに対して，ソートの前後で不変であることを意味する。このようなソートを**安定ソート**（stable sort）と呼ぶ。例えば，学籍番号順に保存されている試験の点数を用いた成績処理において，AさんとBさんの点数が同一であったとする。このデータにおいて，点数の降順にソートする場合を考える。ソート後もAさんとBさんの学籍番号順が保存されている場合が安定なソートである。安定でないソートでは，この順序が入れ替わる可能性がある。

(2) 内部ソートと外部ソート

ソートされるデータの格納領域を変更して処理を進めていくソートを**内部ソート**（internal sort）と呼ぶ。一方，**外部ソート**（external sort）は，ソートの対象となるデータが大量であるために，外部の記憶領域を用いる方法である。

9.2 バブルソート

(1) アルゴリズム

隣り合う 2 つの要素の大小関係を調べて，必要に応じて交換を繰り返すのがバブルソート（bubble sort）である。バブルとは"泡"のことである。ソートの過程で小さな値のデータが，配列の末尾側から先頭側へ移動する様子が，泡が浮かんでくるように見えることからこの名前が付けられている。バブルソートは，安定な内部ソートであり，時間計算量は $O(n^2)$ である。

図 9.2 にフローチャートを示す。外側のループ変数 i は，ソート後の"確定要素のインデックス"である。すなわち，$i = 0$ には配列 a の最小値の値が入り，$i = 1$ には 2 番目に小さい値が入る。内部ループのインデックス j は，"比較要素のインデックス"である。j は最終インデックス（$n - 1$）から，確定要素のつぎの要素のインデックスまで走査している。こうすることによって，値の小さい要素を配列の末尾から先頭に向けて移動させることができる。

(2) 実　装

このデータを用いたバブルソートの過程の説明図を図 9.3 に示す。図には，外側ループインデックス i，外側ループインデックス j と配列 a の内容を示している。網掛けの部分で隣りどうしの比較が行われている様子が示されている。

プログラム 9.1 にプログラムと実行結果を示す。このプログラムは，図 9.2 のフローチャートに従ったものである。線形探索の本体は，bubbleSort( ) メソッドとして記述してある。このメソッドは，ソートされた配列を作成する。本例では，配列 a が昇順に並び替えられている。

9.2 バブルソート

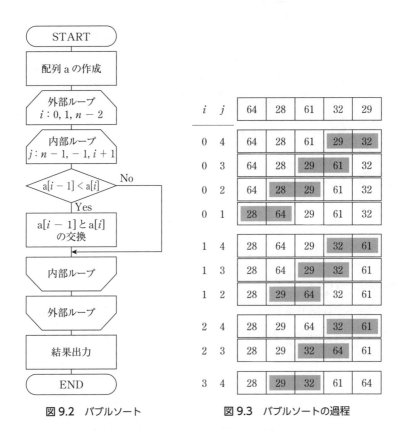

図 9.2 バブルソート   **図 9.3** バブルソートの過程

プログラム 9.1 バブルソート（BubbleSort.java）

```java
// BubbleSort.java          (9-1)
public class BubbleSort{
    public static void bubbleSort( int[] a ) {
        int tmp;
        int n = a.length;
        for( int i=0; i<n-2; i++ ){
            for( int j=n-1; j>i; j-- ){
                if( a[ j - 1 ] > a[ j ] ){
                    tmp = a[ j - 1 ];  a[ j - 1 ] = a[ j ];  a[ j ] = tmp;
                }
            }
        }
```

```
13      }
14      public static void print_data(int[] a ){
15          for( int i=0; i<a.length; i++) System.out.printf("%2d ",a[i]);
16          System.out.println();
17      }
18      public static void main(String[] args){
19          int[ ] a = { 64, 28, 61, 32, 29 };
20          System.out.print("Before: "); print_data(a);
21          bubbleSort ( a );
22          System.out.print("After:   ");print_data(a);
23      }
24  }
```

実行結果
```
Before: 64 28 61 32 29
After:  28 29 32 61 64
```

9.3 選択ソート

(1) アルゴリズム

選択ソート（selection sort）は，最小要素をリストの先頭と交換し，2番目に小さい要素を先頭から2番目の要素と交換する。このような操作をデータの最後まで繰り返す。選択ソートは，安定でない内部ソートであり，時間計算量は $O(n^2)$ である。

図9.4にフローチャートを示す。図に示すように，選択ソートは2重ループとなっている。外側ループのインデックス i は，"ソート済みのインデックス"，内側ループのインデックス j は，"ソート済以外のデータの最小値探索インデックス" である。したがって，配列の先頭から順次，昇順のデータが完成していくことになる。また，比較回数は，$(n-1)+(n-2)+\cdots+2+1 = n(n-1)/2$ である。

(2) 実 装

図9.1の入力データをもとにプログラムを作成する。このデータを用いた選択ソートの処理過程を図9.5に示す。図には，外側ループインデックス i に対応した最小値 min とその値 a[min]，そして交換前後の要素が表示されている。前述したように，配列の先頭から順次，昇順のデータが完成していく様子がわ

9.3 選択ソート

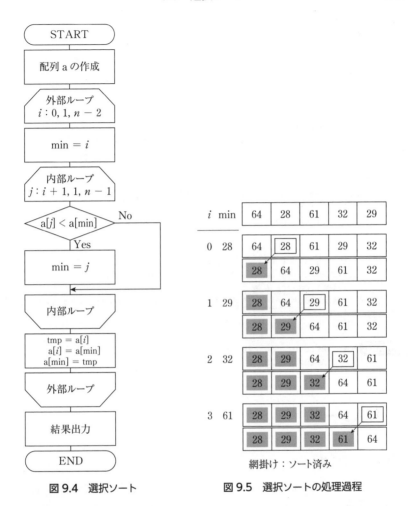

図 9.4 選択ソート　　**図 9.5** 選択ソートの処理過程

かる。

　プログラム 9.2 にプログラムと実行結果を示す。このプログラムは，図 9.4 のフローチャートに従ったものである。選択ソートの本体は，selectionSort( ) メソッドとして記述してある。このメソッドは，ソートされた配列を作成する。本例では，配列 a が昇順に並び替えられている。

プログラム 9.2　選択ソート（SelectionSort.java）

```java
1   // SelectionSort.java        (9-2)
2   public class SelectionSort{
3       public static void selectionSort( int[] a ) {
4           int tmp, min, i=0,j=0;
5           int n = a.length;
6           for( i=0; i<n-2; i++ ){
7               min = i;
8               for( j=i+1; j<n; j++ ) if( a[j] < a[min] ) min = j;
9               tmp = a[ i ]; a[ i ] = a[min]; a[ min ] = tmp;
10          }
11      }
12      public static void print_data(int[] a){
13          for(int i=0; i<a.length; i++) System.out.printf("%2d ", a[i]);
14          System.out.println( );
15      }
16      public static void main(String[] args){
17          int[ ] a = { 64, 28, 61, 32, 29 };
18          System.out.print("Before:   "); print_data(a);
19          selectionSort ( a );
20          System.out.print("After:    "); print_data(a);
21      }
22  }
```

実行結果

```
Before:   64  28  61  32  29
After:    28  29  32  61  64
```

9.4　挿入ソート

(1) アルゴリズム

挿入ソート（insertion sort）は，ソート済のリストの適切な場所に要素を挿入することでソートを行う方法である。トランプのカード並べの方法に似たアルゴリズムである。安定な内部ソートで，時間計算量は $O(n^2)$ であるが，ソート済みのリストの後ろにいくつかの要素を追加して再びソートさせるというような場合に用いると効果的である。

図9.6にフローチャートを示す。図に示すように，挿入ソートは2重ループとなっている。外側ループのインデックス i は，"挿入対象のインデックス" で，初期値は1である。このことは，a[0] にソート済みの値が入っていることを

9.4 挿入ソート

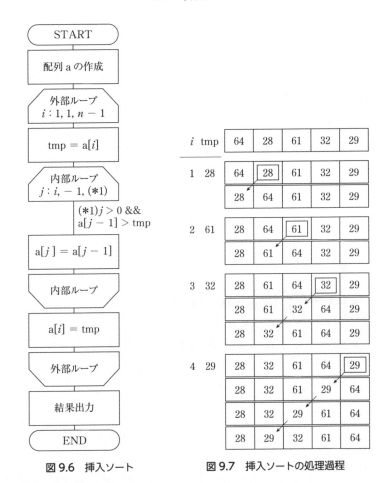

図 9.6 挿入ソート

図 9.7 挿入ソートの処理過程

意味する．まず，挿入対象データを tmp に保存しておく．

そして，内側ループのインデックス j は，ソート済みリスト内の適切な位置を示す"挿入インデックス"である．挿入インデックス j の初期値は i であるから，まず，a[1] を適切な位置に挿入することを考える．例えば，a[0] = 64, a[1] = 28 であれば，64 の要素より前に 28 の要素を挿入することになるため，a[0] と a[1] の交換をすればよい．このことを実現するために，内側のループでは，インデックス j を i から始めて tmp より小さい部分のインデックスをデクリメントする．このようにして得られた j が挿入位置であるので，a[j] =

tmpで値をセットしている。

このような手続きを続けることによって，昇順のデータが完成していくことになる。比較回数は，$(n-1)+(n-2)+\cdots+2+1=n(n-1)/2$ である。

(2) 実　装

図9.1の入力データをもとにプログラムを作成する。このデータを用いた挿入ソートの処理過程を図9.7に示す。図には，外側ループインデックス i に対応した挿入対象データtmpと交換後の要素が表示されている。前述したように，配列の先頭から順次，昇順のデータが完成していく様子がわかる。

プログラム9.3にプログラムと実行結果を示す。このプログラムは，図9.6のフローチャートに従ったものである。挿入ソートの本体は，insertion_sort( )メソッドとして記述してある。

プログラム 9.3　挿入ソート（InsertionSort.java）

```
1   // InsertionSort.java          (9-3)
2   public class InsertionSort{
3      public static void insertion_sort( int[] a ) {
4          int tmp, min, i,j;
5          int n = a.length;
6          for(  i=1; i<n; i++ ){
7              tmp = a[i];
8              for( j=i; j>0 && a[j-1]>tmp; j--) { a[ j ] = a[ j-1 ]; }
9              a[j] = tmp;
10         }
11     }
12     public static void print_data( int[ ] a){
13         for(int i=0; i<a.length; i++) System.out.printf("%2d ", a[i]);
14         System.out.println( );
15     }
16     public static void main(String[] args){
17         int[ ] a = { 64, 28, 61, 32, 29 };
18         System.out.print("Before:  ");  print_data( a );
19         insertion_sort ( a );
20         System.out.print("After:   ");  print_data( a );
21     }
22  }
```

実行結果
```
Before:   64  28  61  32  29
After:    28  29  32  61  64
```

9.5 関連プログラム

・マップのソート

マップ（map）とは，キー（key）と値（value）が対になったデータ構造である。Map の種類を表 9.1 に示す。また，これらの Map の主要なメソッドを表 9.2 に示す。プログラム 9.4 に HashMap を用いたソートテストクラスの例を示す。

表 9.1 Map の種類

No.	マップ	説　明
1	HashMap	キー値からハッシュ値を算出して値を管理する Map である。自然順序付けは保障されないが，高速である。
2	TreeMap	キーの自然順序付けが保障される Map である。Comparator により順序付けされる。
3	LinkedHashMap	デフォルトでは，格納された順番を保持する Map である。HashMap と LinkedList 両方で管理する Map である。挿入された順序を保持する。

表 9.2 Map の主要なメソッド

メソッド	機　能	使用例
put(key, value)	マップを追加	map.put("1", "T");
get(key)	マップを取得	map.get("1");
remove(key)	マップを削除	map.remove( )
size( )	マップサイズを取得	map.size( )
entrySet( )	key と value をセットで取得	map.entrySet( )
keySet( )	key のみ取得	map.keySet( )
values( )	value のみ取得	map.values( )

プログラム 9.4 HashMap を用いたソート (HashMapApp.java)

```
1  // HashMapApp.java           (9-4)
2  import java.util.*;
3  public class HashMapApp{
4      public static void main(String[] args) {
5          HashMap<Integer, String> hmap = new HashMap<Integer, String>();
6          hmap.put(64, "T");   hmap.put(28, "C");
```

```
7           hmap.put(61, "N");  hmap.put(29, "K");
8           // Display content using Iterator
9           Set set = hmap.entrySet();
10          Iterator iterator = set.iterator();
11          System.out.println("Before Sorting:");
12          while(iterator.hasNext()) {
13              Map.Entry me = (Map.Entry)iterator.next();
14              System.out.print(me.getKey() + ": ");
15              System.out.println(me.getValue());
16          }
17          Map<Integer, String> map = new TreeMap<Integer, String>(hmap);
18          System.out.println("After Sorting:");
19          Set set2 = map.entrySet();
20          Iterator iterator2 = set2.iterator();
21          while(iterator2.hasNext()) {
22              Map.Entry me2 = (Map.Entry)iterator2.next();
23              System.out.println("(key,value)= ( "+
24                  me2.getKey() + ", "+me2.getValue()+" )");
25          }
26      }
27  }
```

実行結果

```
Before Sorting:
(key,value)= ( 64, T )
(key,value)= ( 29, K )
(key,value)= ( 28, C )
(key,value)= ( 61, N )
After Sorting:
(key,value)= ( 28, C )
(key,value)= ( 29, K )
(key,value)= ( 61, N )
(key,value)= ( 64, T )
```

演習問題

9-1 配列 A$[i]$ ($i = 1, 2, \cdots, n$) を，つぎのアルゴリズムによって整列する．行 2～3 の処理が初めて終了したとき，必ず実現されている配列の状態はどれか．

〔アルゴリズム〕

行番号

1. i を 1 から $n-1$ まで 1 ずつ増やしながら行 2～3 を繰り返す
2. j を n から $i+1$ まで減らしながら行 3 を繰り返す
3. もし A$[j]$ < A$[j-1]$ ならば，A$[j]$ と A$[j-1]$ を交換する

 ア A$[1]$ が最小値になる イ A$[1]$ が最大値になる
 ウ A$[n]$ が最小値になる エ A$[n]$ が最大値になる

9-2 4つの数の並び (4, 1, 3, 2) を，ある整列アルゴリズムに従って昇順に並べ替えたところ，数の入れ替えはつぎのとおり行われた。この整列アルゴリズムはどれか。

(1, 4, 3, 2)
(1, 3, 4, 2)
(1, 2, 3, 4)

　ア　クイックソート　イ　選択ソート　ウ　挿入ソート　エ　交換ソート

9-3 未整列の配列 A[i] ($i = 1, 2, \cdots, n$) を，つぎのアルゴリズムで整列する。要素どうしの比較回数のオーダを表す式はどれか。

〔アルゴリズム〕
(1) A[1] 〜 A[n] の中から最小の要素を探し，それを A[1] と交換する。
(2) A[2] 〜 A[n] の中から最小の要素を探し，それを A[2] と交換する。
(3) 同様に，範囲を狭めながら処理を繰り返す。

　ア　$O(\log_2 n)$　　イ　$O(n)$　　ウ　$O(n \log_2 n)$　　エ　$O(n^2)$

9-4 n 個のデータをバブルソートを使って整列するとき，データどうしの比較回数はいくらか。

　ア　$n \log n$　　イ　$n(n+1)/4$　　ウ　$n(n-1)/2$　　エ　n^2　　オ　$\log n$

第10章 ソート(その2)

　前章で基本的なソートについて述べた。いずれも2重ループのアルゴリズムであるため時間計算量は$O(n^2)$と遅い方法であった。しかし,これまでの研究によりいくつかの効率の良いアルゴリズムも知られているため,ここで説明する。

　本章では,シェルソート,クイックソート,マージソートについて説明し,それらの実装方法について述べる。以下の説明では各ソートの入力データとして図10.1に示す9つのint型のデータが格納されている配列を使用する。

	[0]	[1]	[2]	[3]	[4]	[5]	[6]	[7]	[8]
a	64	28	61	32	29	31	97	3	0

図 10.1　配列(入力データ)

10.1　シェルソート

(1) アルゴリズム

　シェルソート (shell sort) は,前章で説明した挿入ソートの一般化と見なされている。そのアルゴリズムは,「間隔の離れた要素の組に対してソートを行い,だんだんと比較する要素間の間隔を小さくしながら挿入ソートを繰り返す」というものである。離れた場所の要素からソートを始めることで,速く要素を所定の位置に移動させる可能性が広がる。実行時間は,適用するデータに依存するため,時間計算量の計算は難しいとされている。比較する要素間の間隔 (h) をどのように決定し,どのように減少させていくかにより,その性能が変化することが知られている。現在のところ,D. E. Knuth により提案された $h = 1, 4, 13, 40, 121, 264, \cdots$ を用いるのが高速であるといわれている。この h は,漸化式 $h^{i+1} = 3h^i + 1$ で求められる h の中で,ソート対象のデータ数以下の数字が選ばれる。また,h の減少方法は,$h^{i+1} = (h^i - 1)/3$ が用いられる。

　この場合の時間計算量は $O(n^{1.25})$ とされている。

10.1 シェルソート

図 10.2 にフローチャートを示す。図に示すように，シェルソートのアルゴリズムは，「比較する要素間の間隔（h）の決定」と「h の間隔で離れた要素の集合に対する挿入ソート」の 2 つの部分から構成されている。挿入ソートは，間隔ループ（h），データ列ループ（i），挿入ループ（j）の 3 重ループで構成されている。

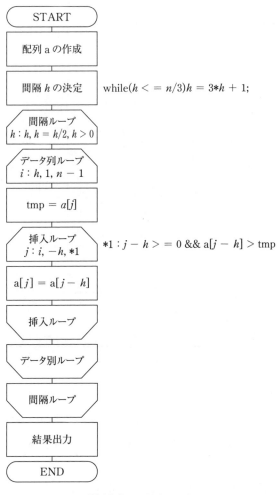

図 10.2 シェルソート

(2) 実　装

以下では，図 10.1 の入力データをもとにプログラムを作成する。このデータを用いたシェルソートの処理過程を図 10.3 に示す。図には，各インデックスと配列 a の内容を示している。網掛けの部分が，"h の間隔で離れた要素の集合"であり，データ列ループ i に対応した挿入対象データ tmp が適切な位置に挿入されていく様子がわかる。

h	i	tmp	[0]	[1]	[2]	[3]	[4]	[5]	[6]	[7]	[8]
ソート前			64	28	61	32	29	31	97	3	0
4	4	29	64	28	61	32	29	31	97	3	0
	5	31	29	28	61	32	64	31	97	3	0
	6	97	29	28	61	32	64	31	97	3	0
	7	3	29	28	61	32	64	31	97	3	0
	8	0	29	28	61	32	64	31	97	32	0
			0	28	61	3	29	31	97	32	64
1	1	28	0	28	61	3	29	31	97	32	64
	2	61	0	28	61	3	29	31	97	32	64
	3	3	0	28	61	3	29	31	97	32	64
	4	29	0	3	28	61	29	31	97	32	64
	5	31	0	3	28	29	61	31	97	32	64
	6	97	0	3	28	29	31	61	97	32	64
	7	32	0	3	28	29	31	61	97	32	64
	8	64	0	3	28	29	31	32	61	97	64
ソート後			0	3	28	29	31	32	61	64	97

図 10.3　処理過程

ここでは，入力データ a = { 64, 28, 61, 32, 29, 31, 97, 3, 0 } に着目する。データ数が 9 であるから，$h = 4$ を採用する。このことは，まず，データのインデックスが 4 つ離れたグループについて挿入ソートを実施し，つぎに，$h = (h - 1)/3 = (4 - 1)/3 = 1$ として同様な手続きを行う。

はじめに 4 つ離れた図の網掛けの要素 { a[0] = 64, a[4] = 29 } に着目し，挿入ソートにより昇順にする。引き続いて，{ 28, 31 }，{ 61, 97 }，{ 32, 3 }，

10.1 シェルソート

{ 29, 64, 0 } の順に挿入ソートを実施する。この段階で，a = { 0, 28, 61, 3, 29, 31, 97, 32, 64 } が得られている。最初の配列 a と比較すると，より昇順に近づいていることがわかる。つぎに，$h = 1$ として，挿入ソートを実施すると，ソート済の結果が得られる。

プログラム 10.1 にプログラムと実行結果を示す。このプログラムは，図 10.2 のフローチャートに従ったものである。シェルソートの本体は，shell_sort( ) メソッドとして記述してある。このメソッドは，ソートされた配列を作成する。ここの例では，配列 a は昇順に並び替えられている。

プログラム 10.1 シェルソート（ShellSort.java）

```
1  // ShellSort.java   (10-1)
2  public class ShellSort{
3      static void shell_sort( int[] a ) {
4          int n = a.length;
5          int i, j, tmp;
6          int h=1;
7          while( h<= n/3 ) h = h*3 + 1;
8          while( h > 0 ){
9              for( i=h; i<n; i++ ){
10                 tmp = a[i];
11                 for( j=i;j-h>=0 && a[j-h]>tmp; j-=h){ a[j]=a[j-h]; }
12                 a[j] = tmp;
13             }
14             h = (h-1)/3;
15         }
16     }
17     public static void print_data(int[] a){
18         for(int i=0; i<a.length; i++) System.out.printf("%2d  ", a[i]);
19         System.out.println();
20     }
21     public static void main(String[] args){
22         int[ ] a = { 64, 28, 61, 32, 29, 31, 97, 3, 0 };
23         System.out.print("Before:  "); print_data(a);
24         shell_sort( a );
25         System.out.print("After:   "); print_data(a);
26     }
27 }
```

実行結果
```
Before:  64  28  61  32  29  31  97   3   0
After:    0   3  28  29  31  32  61  64  97
```

10.2 クイックソート

(1) アルゴリズム

クイックソート（quick sort）は，1960年にC. A. Hoarが開発した分割統治法（divide and conquer method）を用いた高速なソートアルゴリズムである。データをピボット（pivot）と呼ばれる基準値より小さいものと，大きいもののグループに分割し，それぞれのグループの中でも新しいピボットを用いて同様

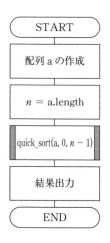
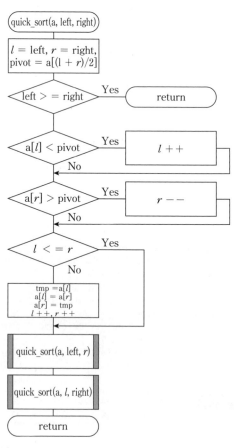

図10.4　クイックソート

10.2 クイックソート

の処理を繰り返す。ピボットの日本語訳は，**枢軸**である。このピボットの位置は任意である。よく使用されるものは，リストの先頭，中央，後尾，およびこれら3つのインデックスの平均値である。ここでは，中央インデックスを用いて説明する。この場合，先頭インデックスを left，後尾インデックスを right とすると，ピボットは pivot = (left + right)/2 で求められる。

図 10.4 にフローチャートを示す。図に示すように，クイックソートのアルゴリズムは以下のとおりである。

1. pivot を決定する。
2. 配列の先頭から順に値を調べ，pivot 以上の要素を見つけたインデックスを l とする。
3. 配列の後尾から順に値を調べ，pivot 以下の要素を見つけたインデックスを r とする。
4. $l < r$ であれば，その2つの要素を入れ替え 2 に戻る。ただし，つぎの 2 での探索は，$l++$，$r--$ から実施する。$l < r$ でなければ，左側を境界にして分割を行って2つのグループに分け，それぞれに対して再帰的に 1 からの手順を行う。

クイックソートは，安定なソートではない。最悪の時間計算量は $O(n^2)$ であるが，平均の時間計算量は $O(n \log n)$ である。

(2) 実 装

ここでは，図 10.1 の入力データをもとにプログラムを作成する。このデータを用いたクイックソートの処理過程を図 10.5 に示す。図には，pivot が○印で示されている。まず，pivot = a[(l + r)/2] = a[4] = 29 である。インデックス l を 0 から $l++$ しながら，pivot 以上の要素のインデックスを求める。この場合は，$l = 0$ である。また，インデックス r を $(n - 1)$ から $r--$ しながら，pivot 以下の要素のインデックスを求める。この場合は，$r = 8$ である。したがって，$l < r$ なのでこの両者を交換する。この様子を両側矢印で示している。インデックス l と r が交差すると処理が終了する。この時点で，a = { 0, 28, 3, 29, 32, 31, 97, 61, 64 } であり，pivot より小さい要素が pivot より左側に，

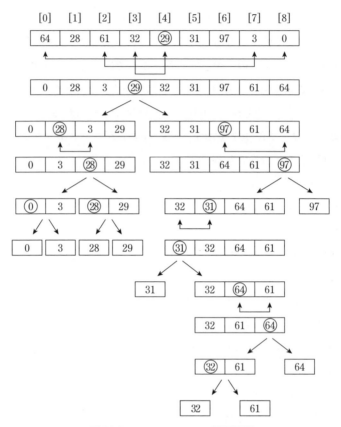

図 10.5 クイックソートの処理過程

pivot より大きい要素が pivot より右側の部分に格納されている。つぎに，図 10.5 に示すように，a[0] ～ a[3] と a[4] ～ a[8] の 2 つのグループに分割し，新たな pivot を用いて再帰的に同様の処理を実施する。そして，要素が 1 つのグループになった時点で終了である。

プログラム 10.2 にプログラムと実行結果を示す。このプログラムは，図 10.4 のフローチャートに従ったものである。クイックソートの本体は，quick_sort( ) メソッドとして記述してある。このメソッドは，ソートされた配列を作成する。本例では，配列 a が昇順に並び替えられている。

10.3　マージソート

プログラム 10.2 クイックソート（QuickSort.java）

```java
1   // QuickSort.java      (10-2)
2   public class QuickSort{
3       static void quick_sort( int[] a, int left, int right ) {
4           int l = left;
5           int r = right;
6           int tmp;
7           int pivot = a[(l+r)/2];    // pivot
8           if(left >=right  ) return;
9           while( l<= r){
10              while( a[l] < pivot ) l++;
11              while( a[r] > pivot ) r--;
12              if( l <= r ){ tmp=a[l]; a[l]=a[r]; a[r]=tmp; l++; r--; }
13          }
14          quick_sort( a, left, r   );
15          quick_sort( a, l,    right);
16      }
17      public static void print_data (int[] a ){
18          for( int i=0; i<a.length; i++) System.out.printf("%2d  ", a[i]);
19          System.out.println();
20      }
21      public static void main(String[] args){
22          int[ ] a = { 64, 28, 61, 32, 29, 31, 97, 3, 0 };
23          int n = a.length;
24          System.out.print("Before: ");   print_data(a);
25          quick_sort ( a, 0, n-1 );
26          System.out.print("After:  ");   print_data(a);
27      }
28  }
```

実行結果
```
Before:  64  28  61  32  29  31  97   3   0
After:    0   3  28  29  31  32  61  64  97
```

10.3　マージソート

(1) アルゴリズム

　マージソート（merge sort）は，すでにソートしてある複数のリストを合わせる際に，小さいものから順に並べれば，全体としてソートされたリストが得られているという分割統治法によるアルゴリズムである。リストを小さな部分に分け，2つのリストのそれぞれの要素を比較してマージする。この処理を繰り返すとソートされたリストが完成する。マージソートは，安定なソートであ

り，時間計算量は $O(n \log n)$ である。

図 10.6 にフローチャートを示す。図に示すように，マージソートのアルゴ

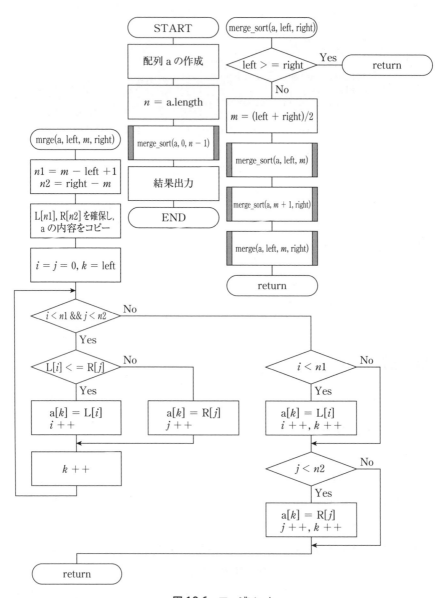

図 10.6　マージソート

10.3 マージソート

リズムは以下のとおりである。

1. リストを分割する。
2. 分割された各リストで要素が1つならそれを返し，そうでなければ，3 を再帰的に適用してマージソートする。
3. 2つのソートされたリストをマージする。

(2) 実　装

図 10.1 の入力データをもとにプログラムを作成する。このデータを用いたマージソートの処理過程を図 10.7 に示す。図には，処理番号 〈1 ～ 24〉 の順に分割・マージされる配列の内容が示されている。

まず，処理番号 〈1〉 において，$m = (0 + 8)/2 = 4$ であるから，{a[0] ～

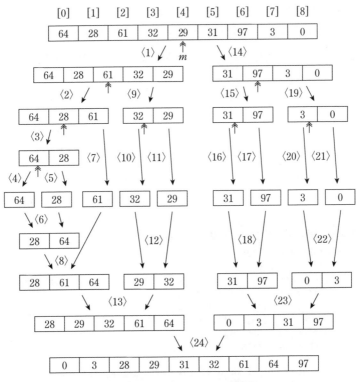

図 10.7 マージソートの処理過程

a[4]| と |a[5]〜a[8]| に分割する。merge_sort(a, left, m) が再帰的に呼び出されるので，分割された左側の配列 |a[0]〜a[4]| のソートが先に実施される。

つぎに，処理番号〈2〉において，さらに分割された |a[0], a[1], a[2]| に対して処理が実施され，処理番号〈3〉で |a[0], a[1]|，処理番号〈4〉で |a[0]| となる。

この状態で再帰の停止条件が満たされるので，つぎに，merge_sort(a, $m+1$, right) が呼び出され，右側の配列のソートが開始される。処理番号〈5〉で |a[1]| となり，この再帰処理も停止する。つぎに，merge(a, left, m, right) = merge(a, 0, 0, 1) によりマージが実施され，|28, 64| が得られる。以下，同様な処理が実施され，処理番号〈13〉で，最初の配列 a の左側の配列のソートが完了し |28, 29, 32, 61, 64| が得られる。

その後，最初の配列 a の右側の配列のソートが実施される。この処理は〈23〉で完了し |0, 3, 31, 97| が得られる。最後に，この2つの配列のマージを実施すると，昇順にソートされた配列が得られる。

プログラム 10.3 にプログラムと実行結果を示す。このプログラムは，図 10.6 のフローチャートに従ったものである。マージソートの本体は，merge_sort( ) メソッドとして記述してある。このメソッドは，再帰的に merge_sort( ) メソッドを呼び出した後に，merge( ) メソッドによりマージし，ソートされた配列を作成する。本例では，配列 a が昇順に並び替えられている。

プログラム 10.3 マージソート (MergeSort.java)

```
1   // MergeSort.java    (10-3)
2   public class MergeSort{
3       public static void merge_sort( int[] a, int left, int right ) {
4           if( left >= right ) return;
5           int m = ( left + right )/2;
6           merge_sort( a, left, m );
7           merge_sort( a, m+1, right );
8           merge( a, left, m, right );
9       }
10      static void merge(int a[], int left, int m, int right) {
11          int n1 = m - left + 1;
```

```
12         int n2 = right - m;
13         int L[] = new int [n1];
14         int R[] = new int [n2];
15
16         for (int i=0; i<n1; ++i)   L[i] = a[left + i];
17         for (int j=0; j<n2; ++j)   R[j] = a[m + 1+ j];
18         int i = 0, j = 0;
19         int k = left;
20         while (i < n1 && j < n2) {
21             if (L[i] <= R[j]) {  a[k] = L[i]; i++;
22             }else{   a[k] = R[j]; j++; }
23             k++;
24         }
25         while (i < n1) { a[k] = L[i]; i++; k++; }
26         while (j < n2) { a[k] = R[j]; j++; k++; }
27     }
28     public static void print_data (int[] a ){
29         for( int i=0; i<a.length; i++) System.out.printf("%2d  ", a[i]);
30         System.out.println();
31     }
32     public static void print_data2 (int[] a, int l, int r ){
33         for( int i=l; i<=r; i++) System.out.printf("%2d  ", a[i]);
34         System.out.println();
35     }
36     public static void main(String[] args){
37         int[ ] a = { 64, 28, 61, 32, 29, 31, 97, 3, 0 };
38         System.out.print("Before: ");print_data(a);
39         merge_sort ( a, 0, a.length-1 );
40         System.out.print("After:  "); print_data(a);
41     }
42 }
```

実行結果
```
Before: 64  28  61  32  29  31  97   3   0
After:   0   3  28  29  31  32  61  64  97
```

10.4 Java クラスライブラリの利用

表 10.1 に java.util.Arrays クラスのメソッドの一部を示す。表において，No. 1 〜 2 は"基本型の配列のソート"であり，内部では改良されたクイックソートが用いられている。クイックソートであるので，安定なソートではない。一方，No. 3 〜 4 は"クラスオブジェクトの配列のソート"であり，内部では改良されたマージソートが用いられている。マージソートであるので安定

表 10.1　java.util.Arrays クラスのメソッド（一部）

No.	メソッド
1	static void sort(int[ ] a)　　　　・・・基本型の配列のソート
2	static void sort(double[ ] a)　　　・・・基本型の配列のソート
3	static void sort(Object[ ] a) 　　　　　　　　　　　　・・・クラスオブジェクトの配列のソート
4	static \<T\> sort(T[ ] a, comparator\<? Super T\> c) 　　　　　　　　　　　　・・・クラスオブジェクトの配列のソート

なソートである。これらのメソッドは，クラスメソッドであるのでインスタンス化することなく，「クラス名．メソッド名」で利用できる。

(1) 基本型の配列のソート

まず，表 10.1 の No. 1 のメソッドを用いたプログラムの例をプログラム 10.4 に示す。

プログラム 10.4　基本型配列のソート（ArraySortApp.java）

```
1  // ArraySortApp.java    (10-4)
2  import java.util.Arrays;
3  public class ArraySortApp {
4      public static void print_data(int[] a){
5          for(int i=0; i<a.length; i++) System.out.printf("%2d ", a[i]);
6          System.out.println( );
7      }
8      public static void main(String[] args){
9          int[ ] a = { 64, 28, 61, 32, 29, 31, 97, 3, 0 };
10         System.out.print("Before: ");print_data(a);
11         Arrays.sort( a );
12         System.out.print("After:  "); print_data(a);
13     }
14 }
```

実行結果
```
Before: 64 28 61 32 29 31 97  3  0
After:   0  3 28 29 31 32 61 64 97
```

(2) クラスオブジェクトの配列のソート

つぎに，表 10.1 の No. 4 のメソッドを用いたプログラムの例を示す。このメソッドを使うためには，その準備として処理対象のオブジェクトにコンパレータ（comparator）を追加する必要がある。はじめに，プログラム 10.5 に示すように，Student クラス（プログラム 1.2）を継承した Student2 クラスを

作り，年齢順の"AGE_ORDER"と名前順の"NAME_ORDER"のコンパレータを追加する。なお，super( )メソッドは，サブクラスからスーパークラスのコンストラクタやメソッドを呼び出すときに用いられる。ここでは，Studentクラスのコンストラクタを"super(no, name, age);"で呼び出していることに注意する。

プログラム 10.5　Student2 クラス（コンパレータ追加）

```java
 1  // Student2.java      (10-5)
 2  import java.util.Arrays;
 3  import java.util.Comparator;
 4  class Student2 extends Student{
 5      Student2(int no, String name, int age){super(no, name, age);}
 6      // ## AGE_ORDER ##
 7      public static final Comparator<Student> AGE_ORDER = new Comp();
 8      private static class Comp implements Comparator<Student>{
 9          public int compare(Student s1, Student s2){
10              return (s1.getAge()<s2.getAge()) ? -1 : (s1.getAge()==s2.getAge()) ? 0 : 1;
11          }
12      }
13      // ## NAME_ORDER ##
14      public static final Comparator<Student> NAME_ORDER = new Comp2();
15      private static class Comp2 implements Comparator<Student>{
16          public int compare(Student s1, Student s2){
17              char c1=s1.getName().charAt(0), c2=s2.getName().charAt(0);
18              return (c1 > c2) ? 1 : (c1 < c2) ? -1 : 0;
19          }
20      }
21  }
```

プログラム 10.6 に，表 10.1 の No.4 のメソッド static<T> sort(T[ ] a, comparator<? Super T> c) を利用したプログラムの例を示す。ここでは，Student2 クラスの配列について，age の昇順と name の昇順にする例を示している。プログラム 10.5 の "## AGE_ORDER ##"，"## NAME_ORDER ##" の部分が，自然な順序付けを定義する部分である。要素の比較は，コンパレータを用いて行っている。

プログラム 10.6　クラスオブジェクト配列のソート（JCL 利用）（ArraySortApp2.java）

```java
1  // ArraySortApp2.java    (10-6)
2  import java.util.Arrays;
3  import java.util.Comparator;
```

```
4   public class ArraySortApp2 {
5       public static void print_data( Student[] s){
6           for(int i=0; i<s.length; i++){
7               System.out.printf("{%2d %s %2d} ",
8                   +s[i].getNo(), s[i].getName(), s[i].getAge());
9               if(i%5 == 0 && i!=0)System.out.println();
10          }
11          System.out.println();
12      }
13      public static void main(String[] args){
14          Student2[] s = new Student2[9];
15          s[0] = new Student2(0,"T",64); s[1] = new Student2(1,"C",28);
16          s[2] = new Student2(2,"N",61); s[3] = new Student2(3,"Y",32);
17          s[4] = new Student2(4,"K",29); s[5] = new Student2(5,"N",31);
18          s[6] = new Student2(6,"M",97); s[7] = new Student2(7,"Y",3 );
19          s[8] = new Student2(8,"Y",0 );
20          Student2[] s1 = s.clone();
21          Student2[] s2 = s.clone();
22          System.out.println("\nBefore(ORIGINAL): "); print_data(s);
23          //----------------------------------
24          Arrays.sort( s1, Student2.AGE_ORDER);
25          //----------------------------------
26          System.out.println("\nAfter(AGE_ORDER):   "); print_data(s1);
27          //----------------------------------
28          Arrays.sort( s2, Student2.NAME_ORDER);
29          //----------------------------------
30          System.out.println("\nAfter(NAME_ORDER):  "); print_data(s2);
31      }
32  }
```

実行結果

```
Before(ORIGINAL):
{ 0 T 64} { 1 C 28} { 2 N 61} { 3 Y 32} { 4 K 29} { 5 N 31}
{ 6 M 97} { 7 Y  3} { 8 Y  0}

After(AGE_ORDER):
{ 8 Y  0} { 7 Y  3} { 1 C 28} { 4 K 29} { 5 N 31} { 3 Y 32}
{ 2 N 61} { 0 T 64} { 6 M 97}

After(NAME_ORDER):
{ 1 C 28} { 4 K 29} { 6 M 97} { 2 N 61} { 5 N 31} { 0 T 64}
{ 3 Y 32} { 7 Y  3} { 8 Y  0}
```

10.5 関連プログラム

(1) TreeMap<K, V> を用いたソート

TreeMap は，キーによって自動的にソートされることが特徴である。プロ

グラム 10.7 に TreeMap を用いたソートの例を示す。このプログラムは，年齢（age）をキーとした場合と，名前（name）をキーにした場合の両方を示している。

プログラム 10.7 TreeMap を用いたソート（TreeMapApp.java）

```
1  // TreeMapApp.java    (10-7)
2  import java.util.TreeMap;
3  public class TreeMapApp {
4      public static void main(String[] args) {
5          // sorted based on keys
6          TreeMap<Integer, String> tmap = new TreeMap<>();
7          tmap.put(64, "T"); tmap.put(28, "C");
8          tmap.put(61, "N"); tmap.put(29, "K");
9          System.out.print("## Sorted by age : "); System.out.println(tmap);
10
11         TreeMap<String, Integer> tmap2 = new TreeMap<>();
12         tmap2.put("T", 64); tmap2.put("C", 28);
13         tmap2.put("N", 61); tmap2.put("K", 29);
14         System.out.print("## Sorted by name : "); System.out.println(tmap2);
15     }
16 }
```

実行結果
```
## Sorted by age  : {28=C, 29=K, 61=N, 64=T}
## Sorted by name : {C=28, K=29, N=61, T=64}
```

(2) オブジェクトの複数のキーでのソート

一般に，ユーザが作成したクラスには複数のメンバ変数が含まれるが，それらの変数をキーとして，複数のキーでソートしたい場合がある。

例えば，プログラム 1.2 に示した Student クラスには，番号（no），名前（name），年齢（age）の 3 つのメンバ変数があるが，名前順－年齢順でソートしたい場合がある。すなわち，同一の名前のデータが存在する場合は，同一の名前の中で年齢順にソートした結果が必要な場合に対応する。このような複数のキーでのソートは，多くの方法で実現できるが，ここでは比較的取り扱いが容易なコンパレータを用いた方法を示す。

以下に複数のキーでのソートの例を示す。

まず，プログラム 10.8 は名前順のコンパレータクラス，プログラム 10.9 は年齢順のコンパレータクラスである。これらのコンパレータにおいて，return

文のs1とs2を交換すると，ソートが昇順から降順へ変更される．

プログラム 10.8　名前順コンパレータ（StudentNameComp.java）

```java
1  // StudentNameComp.java    (10-8)
2  import java.util.Comparator;
3  public class StudentNameComp implements Comparator<Student> {
4      public int compare(Student s1, Student s2) {
5          return s1.getName().compareTo( s2.getName() );
6      }
7  }
```

プログラム 10.9　年齢順コンパレータ（StudentAgeComp.java）

```java
1  // StudentAgeComp.java    (10-9)
2  import java.util.Comparator;
3  public class StudentAgeComp implements Comparator<Student> {
4      public int compare(Student s1, Student s2) {
5      //public int compare(Student s2, Student s1) {
6
7          return (s1.getAge()<s2.getAge()) ? -1 : (s1.getAge()==s2.getAge()) ? 0 : 1;
8      }
9  }
```

そして，プログラム 10.10 は個別のコンパレータをまとめる連結コンパレータクラスである．この連結コンパレータクラスのコンストラクタの引数に着目すると，"Comparator<Student>… comparators" のような記述がある．ここで，"…" は，**可変長引数**（variable arguments）である．可変長引数は，引数のデータ型の直後にピリオドを3つ（…）付けることにより指定する．このようにすると，その型の引数をいくつでも引き渡せるようになる．ここでは，2つの個別コンパレータが渡されることになる．

プログラム 10.10　連結コンパレータ（StudentChainedComp.java）

```java
1  // StudentChainedComp.java    (10-10)
2  import java.util.Arrays;
3  import java.util.Comparator;
4  import java.util.List;
5  public class StudentChainedComp implements Comparator<Student> {
6      private List<Comparator<Student>> listComparators;
7      public StudentChainedComp(Comparator<Student>... comparators) {
8          this.listComparators = Arrays.asList(comparators);
```

10.5 関連プログラム

```
9        }
10       public int compare(Student s1, Student s2) {
11           for (Comparator<Student> comparator : listComparators) {
12               int result = comparator.compare(s1, s2);
13               if (result != 0) {return result;}
14           }
15           return 0;
16       }
17   }
```

プログラム 10.11 は，複数のキーでのソートの例である。ここでは，Collections.sort( ) メソッドを用いて，複数キーによるソートを実現している。ソートの順番は，連結コンパレータに与える引数の順番で決まる。この例では，「名前順－年齢順」としている。すなわち，SudentNameComp クラス，StudentAgeComp クラスの順としている。この順番を逆にすれば，「年齢順－名前順」となる。プログラム 10.11 の実行結果を参照すると，9 つの Student クラスのインスタンスが，まず名前順（昇順）にソートされ，つぎに同一の名前 "N" と "Y" については年齢順（昇順）にソートされていることが確認できる。

プログラム 10.11 複数キーでのソートの例（MutipleKey.java）

```
1   // MultipleKey.java    (10-11)
2   import java.util.ArrayList;
3   import java.util.Collections;
4   import java.util.List;
5   public class MultipleKey{
6       public static void main( String[] args ){
7           List<Student> ls = new ArrayList<>();
8           ls.add( new Student( 1, "T", 64 ));  ls.add( new Student( 2, "C", 28 ));
9           ls.add( new Student( 3, "N", 61 ));  ls.add( new Student( 4, "K", 29 ));
10          ls.add( new Student( 5, "Y", 32 ));  ls.add( new Student( 6, "M", 97 ));
11          ls.add( new Student( 7, "N", 31 ));  ls.add( new Student( 8, "Y",  3 ));
12          ls.add( new Student( 9, "Y",  0 ));
13          System.out.println("#### Before ####");
14          for(Student s : ls) s.print();
15          Collections.sort( ls, new StudentChainedComp(
16              new StudentNameComp(),  new StudentAgeComp() )
17          );
18          System.out.println("#### After ####");
19          for(Student s : listStudents) s.print();
20      }
```

```
21  }
```

実行結果

```
#### Before ####
Student: no= 1   name= T   age= 64
Student: no= 2   name= C   age= 28
Student: no= 3   name= N   age= 61
Student: no= 4   name= K   age= 29
Student: no= 5   name= Y   age= 32
Student: no= 6   name= M   age= 97
Student: no= 7   name= N   age= 31
Student: no= 8   name= Y   age= 3
Student: no= 9   name= Y   age= 0
#### After ####
Student: no= 2   name= C   age= 28
Student: no= 4   name= K   age= 29
Student: no= 6   name= M   age= 97
Student: no= 7   name= N   age= 31
Student: no= 3   name= N   age= 61
Student: no= 1   name= T   age= 64
Student: no= 9   name= Y   age= 0
Student: no= 8   name= Y   age= 3
Student: no= 5   name= Y   age= 32
```

演習問題

10-1 データ列が整列の過程で図のように上から下に推移する整列方法はどれか。ここで，図中のデータ列中の縦の区切り線は，その左右でデータ列が分割されていることを示す。

6	1	7	3	4	8	2	5
1	6	3	7	4	8	2	5
1	3	6	7	2	4	5	8
1	2	3	4	5	6	7	8

ア　クイックソート　　イ　シェルソート
ウ　ヒープソート　　　エ　マージソート

10-2 データの整列と併合に関するつぎの記述中の　　　に入れるべき適切な字句の組合せはどれか。

キーの値の小さなものから大きなものへデータを並べることを，a に b するという。対象とするデータ列が補助記憶装置にある場合，この操作を c と呼ぶ。また，一定の順序に b された2つ以上のファイルを1つのファイルに統合することを d という。

	a	b	c	d
ア	降順	整列	外部整列	併合
イ	昇順	併合	外部併合	整列

ウ	降順	併合	内部併合	整列
エ	昇順	整列	外部整列	併合
オ	昇順	併合	内部併合	整列

10-3 つぎの流れ図は,最大値選択法によって値を大きい順に整列するものである。
＊印の処理(比較)が実行される回数を表す式はどれか。

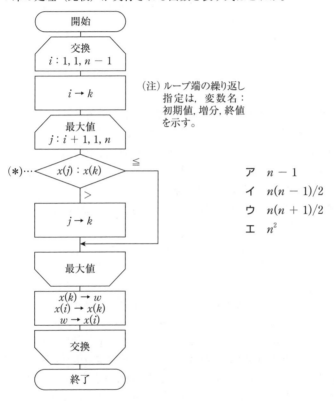

ア　$n-1$
イ　$n(n-1)/2$
ウ　$n(n+1)/2$
エ　n^2

10-4 つぎの手順はシェルソートによる整列を示している。データ列 {7, 2, 8, 3, 1, 9, 4, 5, 6} を手順 (1) 〜 (4) に従って整列すると,手順 (3) を何回繰り返して完了するか。ここで,[ ] は小数点以下を切り捨てる。
(1) ［データ数÷3］→ H とする。
(2) データ列をたがいに H 要素分だけ離れた要素の集まりからなる部分列とし,それぞれの部分列を挿入法を用いて整列する。

(3) [H ÷ 3] → H とする。
(4) H が 0 であればデータ列の整列は完了し，0 でなければ (2) に戻る。
　　ア　2　　イ　3　　ウ　4　　エ　5

10-5 データ全体をある値より大きいデータと小さいか等しいデータに 2 分する。つぎに 2 分されたそれぞれのデータの集まりにこの操作を適用する。これを繰り返してデータ全体を大きさの順に並べる整列法はどれか。
　　ア　クイックソート　　イ　バブルソート
　　ウ　ヒープソート　　　エ　マージソート

10-6 整列アルゴリズムの 1 つであるクイックソートの記述として，適切なものはどれか。
　　ア　対象集合から基準となる要素を選び，これよりも大きい要素の集合と小さい要素の集合に分割する。この操作を繰り返すことで，整列を行う。
　　イ　対象集合から最も小さい要素を順次取り出して，整列を行う。
　　ウ　対象集合から要素を順次取り出し，それまでに取り出した要素の集合に順序関係を保つよう挿入して，整列を行う。
　　エ　隣り合う要素を比較し，逆順であれば交換して，整列を行う。

10-7 クイックソートの処理方法を説明したものはどれか。
　　ア　すでに整列済みのデータ列の正しい位置に，データを追加する操作を繰り返していく方法である。
　　イ　データ中の最小値を求め，つぎにそれを除いた部分の中から最小値を求める。この操作を繰り返していく方法である。
　　ウ　適当な基準値を選び，それより小さな値のグループと大きな値のグループにデータを分割する。同様にして，グループの中で基準値を選び，それぞれのグループを分割する。この操作を繰り返していく方法である。
　　エ　隣り合ったデータの比較と入替えを繰り返すことによって，小さな値のデータをしだいに端のほうに移していく方法である。

第11章 グラフ

　グラフ（graph）は，実用的なデータ構造としてよく利用されている。グラフは，ノードとノード間の連結関係を示す**ブランチ**で構成される。ノードは節点（vertex），ブランチは**エッジ**や**リンク**とも呼ばれる。
　本章では，グラフについて説明し，その実装方法と応用について述べる。

11.1　グラフとは

(1) グラフの表現

　グラフは，$G = \{N, B\}$で表される。ここで，Nはノードの集合，Bはブランチの集合である。また，グラフは**有向グラフ**（directed graph）と**無向グラフ**（undirected graph）に分類される。有向グラフは，ブランチに方向情報を付加したものである。グラフを表現するデータ構造として，① **隣接行列**（adjacency matrix）と，② **隣接リスト**（adjacency list）がある。
　まず，隣接行列は，図11.1に示すようにノードとブランチの隣接関係を表す正方行列である。

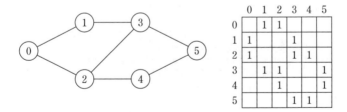

図11.1　$G = \{6, 7\}$の隣接行列

　つぎに，隣接リストは，図11.2に示すようにグラフを構成するノードまたはブランチをすべてリストで表現したものである。

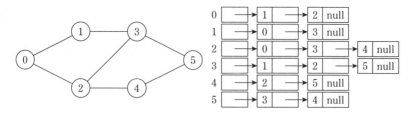

図 11.2　$G = \{6, 7\}$ の隣接リスト

(2) 実　装

図 11.2 は，グラフ $G = \{6, 7\}$ の隣接リストである。そのグラフを生成するプログラムと実行結果をプログラム 11.1 に示す。隣接リストは，LinkedList を用いて実装している。

プログラム 11.1　隣接リスト（AdjacencyList.java）

```java
// AdjacencyList.java   (11-1)
import java.util.LinkedList;
public class AdjacencyList {
    int N;
    LinkedList<Integer> adjListArray[];
    AdjacencyList (int N) {
        this.N = N;
        adjListArray = new LinkedList[N];
        for(int i=0; i<N ; i++){ adjListArray[i] = new LinkedList<>(); }
    }
    public static void addBranch(AdjacencyList list, int from, int to) {
        list.adjListArray[from].add(to);
        list.adjListArray[to].add(from);
    }
    public static void printGraph(AdjacencyList list) {
        for(int n=0; n<list.N; n++) {
            System.out.print("Adjacency list  node "+ n);
            System.out.print(":  head");
            for(Integer i: list.adjListArray[n]){
                System.out.print(" -> "+i);
            }
            System.out.println();
        }
    }
    public static void main(String args[]){
        int N = 6;
        AdjacencyList list = new AdjacencyList (N);
        addBranch(list, 0, 1); addBranch(list, 0, 2); addBranch(list, 1, 3);
```

```
29          addBranch(list, 2, 3); addBranch(list, 2, 4); addBranch(list, 3, 5);
30          addBranch(list, 4, 5);
31          printGraph(list);
32      }
33  }
```

実行結果
```
Adjacency list   node 0:   head -> 1 -> 2
Adjacency list   node 1:   head -> 0 -> 3
Adjacency list   node 2:   head -> 0 -> 3 -> 4
Adjacency list   node 3:   head -> 1 -> 2 -> 5
Adjacency list   node 4:   head -> 2 -> 5
Adjacency list   node 5:   head -> 3 -> 4
```

グラフに関するアルゴリズムは，実用的な観点から数多く研究されている。表 11.1 は，工学的システムと自然現象的システムに対応する典型的なグラフモデルである。表に示すように，現実世界においては，多くのシステムがグラフモデルで表現できる。

表 11.1 典型的なグラフモデル

工学的システム			自然現象的システム		
システム	ノード	ブランチ	システム	ノード	ブランチ
運輸	空港	ルート	循環	臓器	血管
交通	交差点	道路	骨格	関節	骨
通信	電話	通信線	神経	ニューロン	シナプス
通信	コンピュータ	通信線	社会	人	関係
Web	Web ページ	リンク	疫学	人	感染
電力	発電所・需要家	送電線	化学物質	分子	Bond（価標）
水道	貯水池	パイプ	遺伝	遺伝子	交差・突然変異
流通	倉庫・店舗	トラック輸送	生化学	タンパク質	相互作用

11.2 最短経路問題

(1) 最短経路問題

最短経路問題（shortest path problem）は，重み付きグラフの 2 つのノード間を結ぶ経路の中で，重みが最小の経路を求める最適化問題である。ここでは，ダイクストラ法（Dijkstra method）について説明し，その実装方法を示す。

図 11.3 に**重み付き無向グラフ**（weighted undirected graph）を示す．図において，ブランチに付されている数字は重みである．この重みは，例えば，流通システムにおいては，倉庫・店舗（ノード）間のトラック輸送ルート（ブランチ）の距離に対応する．最短経路問題は，スタートノードから各ノードまでの重みを考慮した最短経路を決定する問題である．ここで，最短経路の長さは，その中に含まれるブランチの数ではなく，含まれる重みの和（この場合は，距離の和）であることに注意する．

ダイクストラ法による最短経路決定過程を図 11.4 に示す．図において，各ノードに付された四角形内の数字は，スタートノードからの距離，太線のブラ

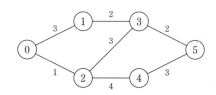

図 11.3　重み付き無向グラフの例

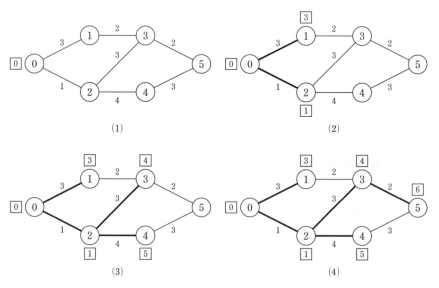

図 11.4　ダイクストラ法による最短経路決定過程

ンチは当該ノードまでの最短ルート上のブランチである。まず，スタートノード（0）の隣接ノード（1）に距離3が，ノード（2）に距離1が記録される。つぎに，ノード（3）に着目すると，ノード（1）からはノード（0）から$3+2=5$の距離，ノード（2）からはノード（0）から$1+3=4$の距離であるので，短い方の4を記録する。以下，同様な処理が行われると，最終的にスタートノードから各ノードまでの最短経路が決定される。図11.5に疑似言語で記述したダイクストラ法のアルゴリズムを示す。

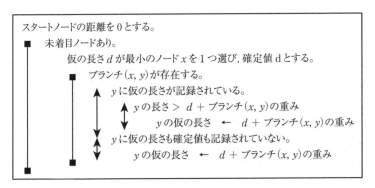

図11.5 ダイクストラ法のアルゴリズム

(2) 実　装

以下にダイクストラ法による最短経路問題を解くプログロムを示す。プログラム11.2はブランチクラス，プログラム11.3はノードクラス，プログラム11.4はグラフクラス，プログラム11.5はダイクストラクラス，そして，プログラム11.6は最短経路を求めるプログラムである。

プログラム11.2　ブランチクラス（Branch.java）

```java
1  // Branch.java      (11-2)
2  public class Branch {
3      private int  from;
4      private int  to;
5      private int  length;
6      public Branch(int from, int to, int length) {
7          this.from = from; this.to = to; this.length = length;
8      }
```

```
9       public int getFrom(){ return from;}
10      public int getTo()   { return to;  }
11      public int getLength() { return length;}
12
13      public int getNeighbour(int node) {
14          if (this.from == node) {return this.to;}
15          else {return this.from;}
16      }
17  }
```

プログラム 11.3　ノードクラス (Node.java)

```
1   // Node.java      (11-3)
2   import java.util.ArrayList;
3   public class Node {
4       private int distance = Integer.MAX_VALUE;
5       private boolean visited;
6       private ArrayList<Branch> branch = new ArrayList<Branch>();
7
8       public int getDistance() {return distance;}
9       public void setDistance(int distance) {this.distance = distance;}
10      public boolean isVisited() {return visited;}
11      public void setVisited(boolean visited) {this.visited = visited;}
12      public ArrayList<Branch> getBranchs() {return branch;}
13      public void setBranchs(ArrayList<Branch> branch) {this.branch = branch;}
14  }
```

プログラム 11.4　グラフクラス (Graph.java)

```
1   // Graph.java     (11-4)
2   import java.util.ArrayList;
3   public class Graph {
4       private Node[]    nodes;
5       private int       ND;
6       private Branch[]  branches;
7       private int       NB;
8       public Graph(Branch[] branches) {
9           this.branches = branches;
10          this.ND = cal_ND(branches);
11          this.nodes = new Node[this.ND];
12          for (int n=0; n<this.ND; n++) { this.nodes[n] = new Node();}
13          this.NB = branches.length;
14          for (int i=0; i<this.NB; i++) {
15              this.nodes[branches[i].getFrom()].getBranchs().add(branches[i]);
16              this.nodes[branches[i].getTo()].getBranchs().add(branches[i]);
17          }
18      }
19      public Node[]   getNodes() { return nodes;}
```

11.2 最短経路問題

```java
20      public int       getND() { return ND;}
21      public Branch[] getBranches() { return branches;}
22      public int       getNB() { return NB; }
23      private int cal_ND(Branch[] branches) {
24          int N = 0;
25          for (Branch e : branches) {
26              if (e.getTo() > N)   N = e.getTo();
27              if (e.getFrom() > N) N = e.getFrom();
28          }
29          N++;
30          return N;
31      }
32  }
```

プログラム 11.5 ダイクストラクラス (Dijkstra.java)

```java
1   //   Dijkstra.java      (11-5)
2   import java.util.ArrayList;
3   public class Dijkstra extends Graph{
4       Node[]   nodes;
5       Branch[] branches;
6       int ND;
7       int NB;
8       Dijkstra(Branch[] branches){
9           super( branches);
10          nodes    = super.getNodes();
11          branches = super.getBranches();
12          ND       = super.getND();
13          NB       = super.getNB();
14      }
15      public void cal_shortest_distance() {
16          this.nodes[0].setDistance(0);  // node 0 as source
17          int nextNode = 0;
18          for (int i=0; i<this.nodes.length; i++) {
19              ArrayList<Branch> current_br = this.nodes[nextNode].getBranchs();
20              for (int j=0; j<current_br.size(); j++) {
21                  int nindex = current_br.get(j).getNeighbour(nextNode);
22                  if (!this.nodes[nindex].isVisited()) {
23                      int temp = this.nodes[nextNode].getDistance() +
24                                 current_br.get(j).getLength();
25                      if (temp < nodes[nindex].getDistance()) {
26                          nodes[nindex].setDistance(temp);
27                      }
28                  }
29              }
30              nodes[nextNode].setVisited(true);
31              nextNode = getNextNode();
32          }
33      }
```

```
34      private int getNextNode() {
35          int storedNodex = 0;
36          int storedDist = Integer.MAX_VALUE;
37          for (int i=0; i<this.nodes.length; i++) {
38              int currentDist = this.nodes[i].getDistance();
39              if (!this.nodes[i].isVisited() && currentDist < storedDist) {
40                  storedDist = currentDist; storedNodex = i;
41              }
42          }
43          return storedNodex;
44      }
45      public void printResult() {
46          String output = "Number of nodes = " + this.ND;
47          output += "\nNumber of branches = " + this.NB;
48          for (int i=0; i<this.nodes.length; i++) {
49              output += ("\nThe shortest distance from node 0 to node " + i +
50                          " is " + nodes[i].getDistance());
51          }
52          System.out.println(output);
53      }
54  }
```

プログラム 11.6　最短経路問題の例（DijkstraApp.java）

```
1   // DijkstraApp.java       (11-6)
2   public class DijkstraApp{
3       public static void main(String[] args) {
4           Branch[] branches = {
5               new Branch(0, 1, 3), new Branch(0, 2, 1),
6               new Branch(1, 3, 2),
7               new Branch(2, 3, 3), new Branch(2, 4, 4),
8               new Branch(3, 5, 2),
9               new Branch(4, 5, 3)         };
10          Dijkstra net = new Dijkstra( branches );
11          net.cal_shortest_distance();
12          net.printResult();
13      }
14  }
```

実行結果

```
Number of nodes = 6
Number of branches = 7
Shortest distance from node 0 to node 0 is 0
Shortest distance from node 0 to node 1 is 3
Shortest distance from node 0 to node 2 is 1
Shortest distance from node 0 to node 3 is 4
Shortest distance from node 0 to node 4 is 5
Shortest distance from node 0 to node 5 is 6
```

11.3 関連プログラム

(1) 幅優先探索

幅優先探索（breadth first search）は，木構造やグラフの探索に用いられるアルゴリズムである。まず，開始ノード（start）から隣接するすべてのノードを探索する。そして，探索対象ノード（target）を発見するために，これらのノードのそれぞれに対して同様のことを繰り返す。

図 11.6 にグラフの例を示す。また，開始ノードを A とし，探索対象ノードを E としたプログラムとその実行結果をプログラム 11.7 に示す。ここでは，OPEN リストと CLOSED リストが用いられている。OPEN リストは，これから探索すべきノードのリスト，CLOSED リストは，すでに探索したノードのリストである。これらのリストは，それぞれ未着目ノードリスト，着目済みノードリストと考えてよい。

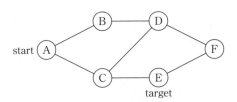

図 11.6　探索対象グラフ

プログラム 11.7　幅優先探索（BreadthFirst.java）

```
1   //   BreadthFirst.java        (11-7)
2   import java.util.*;
3   class Node {
4       String name;
5       Vector children;
6       Node printNode;
7       Node(String theName){name = theName; children = new Vector();}
8       public String getName(){return name;}
9       public void setPrintNode(Node theNode){this.printNode = theNode;}
10      public Node getPrintNode(){return this.printNode;}
```

```
11      public void addChild(Node theChild){children.addElement(theChild);}
12      public Vector getChildren(){return children; }
13      public String toString(){
14          String result = name;
15          return result;
16      }
17  }
18  public class BreadthFirst{
19      static Node node[];
20      static Node goal;
21      static Node start;
22      public void breadthFirst(){
23          Vector open = new Vector();
24          open.addElement(node[0]);
25          Vector closed = new Vector();
26          boolean success = false;
27          int step = 0;
28
29          for(;;){
30              System.out.print("("+(step++)+") ");
31              System.out.print("OPEN:"+open.toString());
32              System.out.println("   CLOSED:"+closed.toString());
33              if(open.size() == 0){
34                  success = false;
35                  break;
36              }else{
37                  Node node = (Node)open.elementAt(0);
38                  open.removeElementAt(0);
39                  if(node == goal){
40                      success = true;
41                      break;
42                  }else{
43                      Vector children = node.getChildren();
44                      closed.addElement(node);
45                      for(int i=0 ; i<children.size() ; i++){
46                          Node m = (Node)children.elementAt(i);
47                          if( !open.contains(m) && !closed.contains(m) ){
48                              m.setPrintNode(node);
49                              if(m == goal) open.insertElementAt(m,0);
50                              else open.addElement(m);
51                          }
52                      }
53                  }
54              }
55          }
56          if(success){
57              System.out.print("#### Solution:   ");
58              printSolution(goal);
59          }
```

```
60      }
61      public void printSolution(Node theNode){
62          if(theNode == start){
63              System.out.println(theNode.toString());
64          } else {
65              System.out.print(theNode.toString()+" <- ");
66              printSolution(theNode.getPrintNode());
67          }
68      }
69      public static void main(String[] args){
70          BreadthFirst bfs = new BreadthFirst();
71
72          node = new Node[6];
73          node[0] = new Node("A"); node[1] = new Node("B");
74          node[2] = new Node("C"); node[3] = new Node("D");
75          node[4] = new Node("E"); node[5] = new Node("F");
76
77          node[0].addChild(node[1]);   node[0].addChild(node[2]);
78          node[1].addChild(node[3]);
79          node[2].addChild(node[3]);   node[2].addChild(node[4]);
80          node[3].addChild(node[5]);
81          node[4].addChild(node[5]);
82
83          start = node[0];
84          goal = node[4];
85          System.out.print("#### Start = "+start);
86          System.out.println("   Goal  = "+goal);
87          bfs.breadthFirst();
88      }
89  }
```

実行結果
```
#### Start = A   Goal  = E
(0) OPEN:[A]    CLOSED:[]
(1) OPEN:[B, C] CLOSED:[A]
(2) OPEN:[C, D] CLOSED:[A, B]
(3) OPEN:[E, D] CLOSED:[A, B, C]
#### Solution:  E <- C <- A
```

(2) 深さ優先探索

深さ優先探索（depth first search）は，木やグラフを探索するためのアルゴリズムである．開始ノードから隣接するノードに対して，バックトラックするまで可能な限り探索を行う．

図11.6のグラフにおいて，開始ノードをA，探索対象ノードをEとしたプログラムとその実行結果をプログラム11.8に示す．

プログラム 11.8　深さ優先探索（DepthFirst.java）

```java
1   // DepthFirst.java      (11-8)
2   import java.util.*;
3   class Node{
4       省略（プログラム 11.7 の 4 行目から 16 行目と同一）
5   }
6   public class DepthFirst{
7       static Node node[];
8       static Node goal;
9       static Node start;
10      public void depthFirst(){
11          Vector open = new Vector();
12          open.addElement(node[0]);
13          Vector closed = new Vector();
14          boolean success = false;
15          int step = 0;
16          for(;;){
17              System.out.print("("+(step++)+") ");
18              System.out.print("OPEN:"+open.toString());
19              System.out.println("   CLOSED:"+closed.toString());
20              if(open.size() == 0){
21                  success = false;
22                  break;
23              } else {
24                  Node node = (Node)open.elementAt(0);
25                  open.removeElementAt(0);
26                  if(node == goal){
27                      success = true;
28                      break;
29                  } else {
30                      Vector children = node.getChildren();
31                      closed.addElement(node);
32                      int j = 0;
33                      for(int i=0 ; i<children.size() ; i++){
34                          Node m = (Node)children.elementAt(i);
35
36                          if(!open.contains(m) && !closed.contains(m)){
37                              m.setPrintNode(node);
38                              if(m == goal) open.insertElementAt(m,0);
39                              else   open.insertElementAt(m,j);
40                              j++;
41                          }
42                      }
43                  }
44              }
45          }
46          if(success){
47              System.out.println("*** Solution ***");
```

```java
48              printSolution(goal);
49          }
50      }
51      public void printSolution(Node theNode){
52          if(theNode == start){
53              System.out.println(theNode.toString());
54          } else {
55              System.out.print(theNode.toString()+" <- ");
56              printSolution(theNode.getPrintNode());
57          }
58      }
59      public static void main(String[] args){
60          DepthFirst dfs = new DepthFirst();
61
62          node = new Node[6];
63          node[0] = new Node("A"); node[1] = new Node("B");
64          node[2] = new Node("C"); node[3] = new Node("D");
65          node[4] = new Node("E"); node[5] = new Node("F");
66          node[0].addChild(node[1]);   node[0].addChild(node[2]);
67          node[1].addChild(node[3]);
68          node[2].addChild(node[3]);   node[2].addChild(node[4]);
69          node[3].addChild(node[5]);
70          node[4].addChild(node[5]);
71          start = node[0];
72          goal = node[4];
73          System.out.print("#### Start = "+start);
74          System.out.println("   Goal  = "+goal);
75          dfs.depthFirst();
76      }
77  }
```

実行結果

```
(0) OPEN:[A]    CLOSED:[]
(1) OPEN:[B, C] CLOSED:[A]
(2) OPEN:[D, C] CLOSED:[A, B]
(3) OPEN:[F, C] CLOSED:[A, B, D]
(4) OPEN:[C]    CLOSED:[A, B, D, F]
(5) OPEN:[E]    CLOSED:[A, B, D, F, C]
*** Solution ***
E <- C <- A
```

付　録

A. viによるソースファイルの作成

付図1に示したHelloWorld.javaを例題として，ソースファイルの作成方法を示す．

```
// HelloWorld.java     (1-1)
public class HelloWorld{
   static String str = "Hello world Java!";     // field variable
   public static void main(String[] args){      // main method
      System.out.println( str );
   }
}
```

付図1　HelloWorld.java（プログラム1.1再掲）

1. エディタの起動　　　　　vi HelloWorld.java
2. インサートモードに変更　[Esc] [i]
3. // HelloWorld.java　のようにソースコードを入力していく．

入力ミスの場合の修正方法：

- 矢印キーでカーソルを移動
- 1文字消去：[Esc] [x]
- 1文字変更：[Esc] [r] として，変更文字入力
- カーソルの位置から文字列を追加：[Esc] [i] として，追加文字列入力
- カーソルのつぎの位置から文字列を追加：
    [Esc] [a] として，追加文字列入力
- カーソルのつぎの行に文字列を追加：
    [Esc] [o] として，追加文字列入力
- 1行消去：[Esc] [d][d]
- 操作の取消し：[Esc] [u]（ただし，直前の操作のみ）
- 書込み終了：[Esc] [:][w][q][!]
- 書き込まないで終了：[Esc] [q][!]

4. コンパイル　　　javac HelloWorld.java

コンパイルエラーが出れば，行番号とエラー内容を見て，ソースコードを修正する。

（注意）目に見えない全角空白文字もあるので，再度，当該の行を入力したほうがよい場合もある。

5. 実行　　　java HelloWorld

実行時のエラーが出れば，行番号とエラー内容を見て，ソースコードを修正する。

B. Windows と Linux コマンド

Windows と Linux コマンドは，異なっている場合がある。**付表 1** にその対応表を示す。

付表 1　Windows と Linux コマンド

操　作	Windows	Linux
現在のディレクトリの場所を確認	dir	pwd
ファイルやディレクトリの情報を表示	dir	ls -al
ディレクトリ間の移動	cd	cd
ディレクトリを作成	mkdir	mkdir
ディレクトリを移動	move	mv -r
ディレクトリをコピー	xcopy /e /c /h	cp -r
ディレクトリを削除	del	rm -r
ファイルを移動	move	mv
ファイルをコピー	copy	cp
ファイルを削除	del	rm
テキストファイルの内容を表示	type	cat

C. CLASSPATH の設定方法

Java によるシステム開発では，クラスパス（CLASSPATH）が重要である。クラスパスは，Java 実行環境がクラスや jar ファイルを検索するパスである。ここで，jar（Java ARchive）ファイルは，複数の Java のクラスやパッケージを 1 つのファイルにまとめたものである。

クラスパスの設定には

- コンパイルと実行時に -classpath（または，-cp）オプションで指定
- CLASSPATH 環境に指定

する方法がある。付表 2 に，Windows と Linux のクラスパスの設定法を示す。

付表 2　クラスパスの設定

(Windows)　C:¥jar¥ に aaa.jar と bbb.jar が存在する場合
①　javac　-cp .;c:¥jar¥aaa.jar;c:¥jar¥bbb.jar　XXX.java（コンパイル時） 　　 java　-cp .;¥c:¥jar¥aaa.jar;c:¥jar¥bbb.jar　XXX　　　（実行時）
②　c:¥> set CLASSPATH=.;c:¥jar¥aaa.jar;c:¥jar¥bbb.jar
なお，クラスパスは，echo %CLASSPATH% で確認できる。また，Windows のクラスパスの区切りは，「;（セミコロン）」が用いられる。
(Linux)　$HOME/jar/ に aaa.jar と bbb.jar が存在する場合
①　javac -cp .:$HOME/jar/aaa.jar:$HOME/jara/bbb.jar　XXX.java（コンパイル時） 　　 java -cp .:$HOME/jar/aaa.jar:$HOME/jara/bbb.jar　XXX　　（実行時）
②　export CLASSPATH=. 　　export CLASSPATH=$CLASSPATH:$HOME/jar/aaa.jar 　　export CLASSPATH=$CLASSPATH:$HOME/jar/bbb.jar
なお，クラスパスは，echo $CLASSPATH で確認できる。また，Linux のクラスパスの区切りは，「:（コロン）」が用いられる。

参考文献

[1] 柴田望洋：明解 Java によるアルゴリズムとデータ構造，SB クリエイティブ（2007）
[2] 新谷虎松：Java による知能プログラミング入門，コロナ社（2002）
[3] 茨木俊秀：アルゴリズムとデータ構造，昭晃堂（1989）
[4] 藤田聡：アルゴリズムとデータ構造，数理工学社（2013）
[5] 浅野孝夫：アルゴリズムの基礎とデータ構造——数理と C プログラム，近代科学社（2017）
[6] 平田富夫：アルゴリズムとデータ構造 改訂 C 言語版，森北出版（2002）
[7] 平田富夫：C によるアルゴリズムとデータ構造，科学技術出版（2002）
[8] 東野勝治，臼田昭司，葭谷安正：C 言語によるアルゴリズムとデータ構造入門，森北出版（2000）
[9] 近藤嘉雪：Java プログラマのためのアルゴリズムとデータ構造，SB クリエイティブ（2004）
[10] 紀平拓男，春日伸弥：プログラミングの宝箱 アルゴリズムとデータ構造，SB クリエイティブ（2003）
[11] 奥村晴彦，杉浦方紀，津留和生，ほか：Java によるアルゴリズム事典，技術評論社（2003）
[12] 梅村哲也：線形代数と Java プログラミング——光ファイバ波長損失特性のモデリングを例に，工学社（2005）
[13] 川場隆：わかりやすい Java オブジェクト指向 入門編，秀和システム（2012）
[14] Frank M. Carrano, Walter Savitch: Data Structures and Adstraction with Java, Pearson Education, Inc.（2003）
[15] Robert Lafore: Data Structures & Algorithms in Java Second Edition, Sams Publishing（2002）
[16] Robert Sedgewick, Kevin Wayne: Introduction to Programming in Java an interdisciplinary approach, Addison-Wesley professional（2007）
[17] IPA 独立行政法人 情報処理推進機構：情報処理技術者試験 過去問題・解答例 https://www.jitec.ipa.go.jp（2019 年 5 月現在）

索引

【あ行】

後入れ先出し	87
後判定	32
安定	137
安定ソート	137
行きがけ順	102
インスタンス	8
インデックス	39
インデント	4
エッジ	100, 169
エディタ	2
エンキュー	91
オブジェクト	8
オープンアドレス法	128
重み付き無向グラフ	172
親	100

【か行】

階乗	57
外部ソート	138
ガウスの消去法	50
帰りがけ順	102
拡張 for 文	30
カプセル化	8
可変長引数	164
関係演算子	28
完全2分木	103
キー	145
木構造	100
疑似言語	32
キュー	91
クイックソート	152
空間計算量	117
クラス	4, 8
クラス階層	8
クラスファイル	2

グラフ	169
継承	8
結合荷重	77
ゲッター	9
子	100
降順	137
構造化プログラミング	26
後続ノード	68
誤差逆伝播法	77
後退代入	51
コーディング	2
根	100
コンストラクタ	5
コンパイル	2
コンパレータ	160

【さ行】

再帰	56
再帰的定義	56
再帰的呼出し	61
最小ヒープ	107
最大公約数	58
最大ヒープ	107
最短経路問題	171
先入れ先出し	91
サブクラス	8
参照	39
参照型	39
ジェネリックス	43
シェルソート	148
時間計算量	117
シグモイド関数	78
自己参照型	69
ジャンプ探索	132
循環リスト	74
昇順	137
衝突	125

枢軸	153
スタック	87
スーパークラス	8
セッター	9
線形探索	117
線形リスト	67
先行ノード	68
前進消去	50
選択ソート	140
先頭ノード	68
挿入ソート	142
双方向循環リスト	74
双方向リスト	73
添え字	39
属性	8
ソースコード	2
ソースファイル	2
ソーティング	117
ソート	137

【た行】

ダイクストラ法	171
多次元配列	41
探索	117
単方向リスト	68
チェイン法	125
デキュー	91
デック	94
デバッグ	3
通りがけ順	102
ドット演算子	9

【な行】

内部ソート	138
ニューラルネットワーク	77
ニューロン	77
根	100

索 引

ネイティブコード	1
ノード	100, 169

【は行】

排他的論理和	78
バイトコード	1
配　列	39
バ　グ	3
ハッシュ関数	124
ハッシュテーブル	124
ハッシュ値	124
ハッシュ法	124
ハッシング	124
ハノイの塔	59
幅優先探索	101, 177
バブルソート	138
番　兵	119
ヒープ	106
ヒープソート	107
ピボット	152
フィボナッチ数列	61
フィールド	5
深さ優先探索	101, 179
複素数	34

プッシュ	87
ブランチ	100, 169
プリミティブ型	39
フローチャート	26
プロパティ	8
分割統治法	56
ポップ	87

【ま行】

前判定	31
マージソート	155
末尾ノード	68
マップ	145
無限ループ	29, 32
無向グラフ	169
メソッド	5, 8
メッセージパッシング	8
メモ化	64
メンバ変数	5

【や行】

有向グラフ	169
ユークリッドの互除法	58

【ら行】

乱　数	13
乱数の種	15
リンク	100, 169
隣接行列	169
隣接リスト	169
レベル	100
連結リスト	67
論理演算子	28

【英字】

Java 仮想マシン	3
Java クラスライブラリ	43, 93, 159
new 演算子	39
O 記法	117

【数字】

2 分木	103
2 分探索	121
2 分探索木	103
2 分ヒープ	107
3 項演算子	29

―― 著者略歴 ――
1980年 広島大学大学院博士課程前期修了（回路システム工学専攻）
1980年 株式会社 東芝勤務
1989年 松江工業高等専門学校講師
1991年 松江工業高等専門学校助教授
1995年 博士（工学）（広島大学）
1997年 広島工業大学助教授
2001年 広島工業大学教授
　　　　現在に至る

特種情報処理技術者
電気学会フェロー

主な著書
電力システム工学の基礎（コロナ社）
データベースの基礎（コロナ社）

Javaによるアルゴリズムとデータ構造の基礎
Algorithms and Data Structures with Java

© Takeshi Nagata 2019

2019年8月30日　初版第1刷発行　　　　　　　　　　　　　　★

検印省略	著　者	永　田　　　武
	発行者	株式会社　コロナ社
		代表者　牛来真也
	印刷所	萩原印刷株式会社
	製本所	有限会社　愛千製本所

112-0011　東京都文京区千石4-46-10
発行所　株式会社　コロナ社
CORONA PUBLISHING CO., LTD.
Tokyo Japan
振替 00140-8-14844・電話(03)3941-3131(代)
ホームページ http://www.coronasha.co.jp

ISBN 978-4-339-02896-6　C3055　Printed in Japan　　　　　（新井）N

JCOPY　<出版者著作権管理機構 委託出版物>
本書の無断複製は著作権法上での例外を除き禁じられています。複製される場合は，そのつど事前に，出版者著作権管理機構（電話 03-5244-5088，FAX 03-5244-5089，e-mail: info@jcopy.or.jp）の許諾を得てください。

本書のコピー，スキャン，デジタル化等の無断複製・転載は著作権法上での例外を除き禁じられています。購入者以外の第三者による本書の電子データ化及び電子書籍化は，いかなる場合も認めていません。
落丁・乱丁はお取替えいたします。

電気・電子系教科書シリーズ

(各巻A5判)

■編集委員長　高橋　寛
■幹　　　事　湯田幸八
■編集委員　江間　敏・竹下鉄夫・多田泰芳
　　　　　　中澤達夫・西山明彦

配本順			頁	本体
1. (16回)	電気基礎	柴田尚志・皆藤新芳・田多泰志 共著	252	3000円
2. (14回)	電磁気学	柴田尚志・多田泰志 共著	304	3600円
3. (21回)	電気回路Ⅰ	柴田尚志 著	248	3000円
4. (3回)	電気回路Ⅱ	遠藤　勲・鈴木靖純・吉村雄已之・福田昌彦 共編著	208	2600円
5. (27回)	電気・電子計測工学	降矢典恵・隆吉拓和・高西村明二・福崎山彦 共著	222	2800円
6. (8回)	制御工学	下西二鎮・奥平立・青木幸 共著	216	2600円
7. (18回)	ディジタル制御	西堀俊次 共著	202	2500円
8. (25回)	ロボット工学	白水俊次 著	240	3000円
9. (1回)	電子工学基礎	中澤達夫・藤原勝幸 共著	174	2200円
10. (6回)	半導体工学	渡辺英夫 著	160	2000円
11. (15回)	電気・電子材料	中澤・押田・森田山・服部原 共著	208	2500円
12. (13回)	電子回路	須田健二 共著	238	2800円
13. (2回)	ディジタル回路	伊若吉・土室山・田原海・田澤昌博・進夫也嚴 共著	240	2800円
14. (11回)	情報リテラシー入門	山賀下 共著	176	2200円
15. (19回)	C++プログラミング入門	湯田幸八 著	256	2800円
16. (22回)	マイクロコンピュータ制御プログラミング入門	柚賀正光・千代谷慶 共著	244	3000円
17. (17回)	計算機システム(改訂版)	春日雄・舘泉幸・田伊充・原湯・博 共著	240	2800円
18. (10回)	アルゴリズムとデータ構造	湯伊幸充八博 共著	252	3000円
19. (7回)	電気機器工学	前新江・前田谷橋間敏勉弘・敏邦勲機 共著	222	2700円
20. (9回)	パワーエレクトロニクス	江間・間橋敏敏勲章機彦 共著	202	2500円
21. (28回)	電力工学(改訂版)	江甲斐隆彦 共著	296	3000円
22. (5回)	情報理論	三木吉・吉川木下・竹川鉄夫英機 共著	216	2600円
23. (26回)	通信工学	竹吉松田豊田部稔克正久史 共著	198	2500円
24. (24回)	電波工学	宮南岡桑植松 共著	238	2800円
25. (23回)	情報通信システム(改訂版)	原月原田田裕唯孝史志 共著	206	2500円
26. (20回)	高電圧工学	植箕 共著	216	2800円

定価は本体価格+税です。
定価は変更されることがありますのでご了承下さい。

図書目録進呈◆

電子情報通信レクチャーシリーズ

■電子情報通信学会編　　（各巻B5判）

共通

番号	配本順	書名	著者	頁	本体
A-1	(第30回)	電子情報通信と産業	西村吉雄著	272	4700円
A-2	(第14回)	電子情報通信技術史 —おもに日本を中心としたマイルストーン—	「技術と歴史」研究会編	276	4700円
A-3	(第26回)	情報社会・セキュリティ・倫理	辻井重男著	172	3000円
A-4		メディアと人間	原島博・北川高嗣共著		
A-5	(第6回)	情報リテラシーとプレゼンテーション	青木由直著	216	3400円
A-6	(第29回)	コンピュータの基礎	村岡洋一著	160	2800円
A-7	(第19回)	情報通信ネットワーク	水澤純一著	192	3000円
A-8		マイクロエレクトロニクス	亀山充隆著		
A-9		電子物性とデバイス	益一哉・天川修平共著		

基礎

番号	配本順	書名	著者	頁	本体
B-1		電気電子基礎数学			
B-2		基礎電気回路	篠田庄司著		
B-3		信号とシステム	荒川薫著		
B-5	(第33回)	論理回路	安浦寛人著	140	2400円
B-6	(第9回)	オートマトン・言語と計算理論	岩間一雄著	186	3000円
B-7		コンピュータプログラミング	富樫敦著		
B-8	(第35回)	データ構造とアルゴリズム	岩沼宏治他著	208	3300円
B-9		ネットワーク工学	仙田正和・石村敬介・中野裕介共著		
B-10	(第1回)	電磁気学	後藤尚久著	186	2900円
B-11	(第20回)	基礎電子物性工学 —量子力学の基本と応用—	阿部正紀著	154	2700円
B-12	(第4回)	波動解析基礎	小柴正則著	162	2600円
B-13	(第2回)	電磁気計測	岩﨑俊著	182	2900円

基盤

番号	配本順	書名	著者	頁	本体
C-1	(第13回)	情報・符号・暗号の理論	今井秀樹著	220	3500円
C-2		ディジタル信号処理	西原明法著		
C-3	(第25回)	電子回路	関根慶太郎著	190	3300円
C-4	(第21回)	数理計画法	山下信雄・福島雅夫共著	192	3000円
C-5		通信システム工学	三木哲也著		
C-6	(第17回)	インターネット工学	後藤滋樹・外山勝保共著	162	2800円
C-7	(第3回)	画像・メディア工学	吹抜敬彦著	182	2900円

配本順				頁	本体
C-8	(第32回)	音声・言語処理	広瀬啓吉 著	140	2400円
C-9	(第11回)	コンピュータアーキテクチャ	坂井修一 著	158	2700円
C-10		オペレーティングシステム			
C-11		ソフトウェア基礎			
C-12		データベース			
C-13	(第31回)	集積回路設計	浅田邦博 著	208	3600円
C-14	(第27回)	電子デバイス	和保孝夫 著	198	3200円
C-15	(第8回)	光・電磁波工学	鹿子嶋憲一 著	200	3300円
C-16	(第28回)	電子物性工学	奥村次徳 著	160	2800円

展開

D-1		量子情報工学			
D-2		複雑性科学			
D-3	(第22回)	非線形理論	香田 徹 著	208	3600円
D-4		ソフトコンピューティング			
D-5	(第23回)	モバイルコミュニケーション	中川正雄・大槻知明 共著	176	3000円
D-6		モバイルコンピューティング			
D-7		データ圧縮	谷本正幸 著		
D-8	(第12回)	現代暗号の基礎数理	黒澤 馨・尾形わかは 共著	198	3100円
D-10		ヒューマンインタフェース			
D-11	(第18回)	結像光学の基礎	本田捷夫 著	174	3000円
D-12		コンピュータグラフィックス			
D-13		自然言語処理			
D-14	(第5回)	並列分散処理	谷口秀夫 著	148	2300円
D-15		電波システム工学	唐沢好男・藤井威生 共著		
D-16		電磁環境工学	徳田正満 著		
D-17	(第16回)	VLSI工学 ―基礎・設計編―	岩田 穆 著	182	3100円
D-18	(第10回)	超高速エレクトロニクス	中村 徹・三島友義 共著	158	2600円
D-19		量子効果エレクトロニクス	荒川泰彦 著		
D-20		先端光エレクトロニクス			
D-21		先端マイクロエレクトロニクス			
D-22		ゲノム情報処理			
D-23	(第24回)	バイオ情報学 ―パーソナルゲノム解析から生体シミュレーションまで―	小長谷明彦 著	172	3000円
D-24	(第7回)	脳工学	武田常広 著	240	3800円
D-25	(第34回)	福祉工学の基礎	伊福部達 著	236	4100円
D-26		医用工学			
D-27	(第15回)	VLSI工学 ―製造プロセス編―	角南英夫 著	204	3300円

定価は本体価格+税です。
定価は変更されることがありますのでご了承下さい。

図書目録進呈◆

コンピュータサイエンス教科書シリーズ

(各巻A5判)

■編集委員長　曽和将容
■編集委員　　岩田　彰・富田悦次

配本順			頁	本体
1. (8回)	情報リテラシー	立春花和日康秀夫容共著	234	2800円
2. (15回)	データ構造とアルゴリズム	伊藤大雄著	228	2800円
4. (7回)	プログラミング言語論	大山口五味通弘夫共著	238	2900円
5. (14回)	論理回路	曽範和将公容可共著	174	2500円
6. (1回)	コンピュータアーキテクチャ	曽和将容著	232	2800円
7. (9回)	オペレーティングシステム	大澤範高著	240	2900円
8. (3回)	コンパイラ	中田育男監修 中井央著	206	2500円
10. (13回)	インターネット	加藤聰彦著	240	3000円
11. (4回)	ディジタル通信	岩波保則著	232	2800円
12. (16回)	人工知能原理	加納政芳山田雅之遠藤守共著	232	2900円
13. (10回)	ディジタルシグナルプロセッシング	岩田彰編著	190	2500円
15. (2回)	離散数学 ―CD-ROM付―	牛島和夫編著 相廣利民朝雄一共著	224	3000円
16. (5回)	計算論	小林孝次郎著	214	2600円
18. (11回)	数理論理学	古川康一向井国昭共著	234	2800円
19. (6回)	数理計画法	加藤直樹著	232	2800円
20. (12回)	数値計算	加古孝著	188	2400円

以下続刊

3.	形式言語とオートマトン	9.	ヒューマンコンピュータインタラクション　田野俊一・高野健太郎共著
14.	情報代数と符号理論　山口和彦著	17.	確率論と情報理論　川端勉著

定価は本体価格+税です。
定価は変更されることがありますのでご了承下さい。

図書目録進呈◆